Shukong Chechuang Biancheng
yu Fangzhen Jiagong

数控车床
编程与仿真加工

主　编 ◎ 周瑜飞　付昌星
副主编 ◎ 王丛欢　赵菲菲　唐利平　陶韵晖

同济大学 出版社
TONGJI UNIVERSITY PRESS
·上海·

内 容 提 要

本书从企业的实际技能需求出发选定教学内容，由校企共同开发编写。本书依据国家推动现代职业教育高质量发展的指导思想，结合"1+X"职业岗位技能要求，以项目式为编写体例，辅以实际工作中典型的零件加工程序，介绍数控车床加工程序的编制与仿真校验的相关内容，旨在培养学生解决实际问题的能力。本书共5个项目，包括数控车床操作基础、简单光轴零件编程与仿真、简单回转体零件编程与仿真、中等复杂回转体零件编程与仿真和复杂回转体零件编程与仿真。本书配套了丰富的教学视频，实用性强。

本书可作为高等职业院校数控技术相关专业的教学用书，也可以作为相关技术人员的参考用书。

图书在版编目(CIP)数据

数控车床编程与仿真加工 / 周瑜飞,付昌星主编. --上海：同济大学出版社，2024.11
ISBN 978-7-5765-0728-7

Ⅰ. ①数… Ⅱ. ①周… ②付… Ⅲ. ①数控机床—车床—程序设计 ②数控机床—车床—加工—计算机仿真
Ⅳ. ①TG519.1

中国国家版本馆CIP数据核字(2023)第014493号

数控车床编程与仿真加工

主　编　周瑜飞　付昌星　　副主编　王丛欢　赵菲菲　唐利平　陶韵晖
责任编辑　任学敏　　责任校对　徐春莲　　封面设计　渲彩轩

出版发行	同济大学出版社　　www.tongjipress.com.cn
	(地址：上海市四平路1239号　邮编：200092　电话：021-65985622)
经　销	全国各地新华书店
制　作	南京月叶图文制作有限公司
印　刷	启东市人民印刷有限公司
开　本	787 mm×1092 mm　1/16
印　张	10.75
字　数	248 000
版　次	2024年11月第1版
印　次	2024年11月第1次印刷
书　号	ISBN 978-7-5765-0728-7
定　价	46.00元

本书若有印装质量问题，请向本社发行部调换　　版权所有　侵权必究

前 言

教材是学校教育教学及立德树人、推进的关键要素,是国家意志和社会主义核心价值观的集中体现,是解决"培养什么人、怎样培养人、为谁培养人"这一根本问题的核心载体。推进党的二十大精神进教材,事关为党育人、为国育才的使命任务,事关广大学生的成长成才,事关全面建设社会主义现代化国家的大局。为在教材中落实党的二十大精神,充分发挥教材的铸魂育人功能,培养德智体美劳全面发展的社会主义建设者和接班人,相关的教师团队及企业专家通过市场调研,结合学科特点编写了本书。

本书结合数控技术相关专业的培养目标和学生的实际,重点突出数控车床手工编程内容,同时满足相关职业资格证书的知识与技能以及技能抽考的要求。本书依据职业岗位技能要求,以企业典型零件编程与仿真为载体,基于数控车加工企业岗位工作流程,由简单到复杂,设计数控车床基础操作、光轴零件编程与仿真、简单回转体零件编程与仿真、中等复杂回转体零件编程与仿真和复杂回转体零件编程与仿真5个项目。项目式的内容呈现方式将职业素养养成和岗位技能积累贯穿始终,力争使本书成为积极推进"三全育人",打造守初心、铸匠魂、强技能的专业教材。为便于教师教学和学生自学,本书还配有相应的视频资源。本书配套的课程已在学银在线平台上线,课程网址为 http://www.xueyinonline.com/detail/244891446。如需更多资源请联系作者邮箱 157233409@qq.com 获取。

本书具有以下特色。

(1)"校企协同"创新教材范式

与中国中车集团有限公司,中国航发南方工业有限公司及株洲齿轮有限责任公司等企业的岗位对接,设计教材内容。结合专业特点和企业的工作流程,整理出一整套数控车床的工艺文件,同时制作了配套教材的各主要编程指令的动画视频与课堂微视频供学生线上学习。

(2)对接重难点,实现"书证融通"

项目设置及任务安排与"1+X"职业技能等级标准及技能抽考对接,项目设计向企业实际靠拢。

本书由周瑜飞、付昌星任主编,王丛欢、赵菲菲、唐利平、陶韵晖任副主编,雷小云对本书的编写也提出了许多宝贵意见,在此,谨向他们表示衷心感谢。

由于编者的水平有限,书中难免存在一些疏漏和不妥之处,恳请读者提出宝贵的意见和建议,以便修订时改进。

编 者
2024 年 8 月

目　录

前言

项目 1　数控车床操作基础 ·· 001
 任务 1.1　认识数控车床 ·· 001
 任务 1.2　认识数控车床操作面板 ·· 006
 任务 1.3　数控程序的输入与编辑 ·· 012
 任务 1.4　数控车床维护与保养 ··· 024

项目 2　简单光轴零件编程与仿真 ·· 029
 任务 2.1　数控车床的手动操作及对刀 ······································ 029
 任务 2.2　认识 FANUC 0i 数控仿真系统 ···································· 038

项目 3　简单回转体零件编程与仿真 ··· 052
 任务 3.1　简单圆柱轴编程与仿真 ·· 052
 任务 3.2　简单圆锥轴编程与仿真 ·· 064

项目 4　中等复杂回转体零件编程与仿真 ·· 077
 任务 4.1　带倒角、倒圆外轮廓编程与仿真 ································· 077
 任务 4.2　内轮廓编程与仿真 ··· 086
 任务 4.3　带圆弧面回转体的编程与仿真 ···································· 097

项目 5　复杂回转体零件编程与仿真 ··· 110
 任务 5.1　带窄槽零件编程与仿真 ·· 110
 任务 5.2　带宽槽零件编程与仿真 ·· 125
 任务 5.3　单线螺纹轴编程与加工 ·· 132
 任务 5.4　接头零件编程与加工 ··· 143
 任务 5.5　异形零件的编程与仿真 ·· 153

附录 A　FANUC 0i 系统准备功能 G 代码 ······································ 161

附录 B　FANUC 0i 系统辅助功能 M 代码 ······································ 163

参考文献 ·· 164

项目 1

数控车床操作基础

 项目简介

本项目主要是认识数控车床,主要内容包括数控车床的类型及基本结构,操作面板各按钮的使用方法及功能,数控车床的程序以及结构,数控车床常用的功能指令,数控车床的操作规程及数控车床的维护与保养。

任务 1.1 认识数控车床

数控车床组成

 任务描述

通过扫描二维码观看视频学习数控车床的结构、组成和功能,分析普通车床与数控车床的区别。学习本任务前,学生应先了解普通车床的类型、结构、坐标系和基本操作步骤。

◇ **任务目标**

知识目标
(1) 掌握数控车床的特点及其适用范围;
(2) 了解数控车床的类型和结构;
(3) 熟悉普通车床与数控车床之间的区别。

能力目标
(1) 能够描述数控车床的基本概念;
(2) 通过现场参观,了解生产车间的实际生产过程。

素质目标
(1) 培养良好的职业道德和职业素养；
(2) 树立质量意识、安全意识和劳动意识；
(3) 培养精益求精的工匠精神。

相关知识

一、数控车床的特点及适用范围

1. 数控车床的特点

数控车床的适应能力强、加工精度高、生产效率高，适用于复杂零件的加工，有助于减轻劳动强度、实现制造和生产管理的现代化。

2. 数控车床的适用范围

(1) 多品种、小批量生产的零件或新产品试制中的零件；
(2) 轮廓形状复杂的零件；
(3) 加工过程中必须进行多工序加工的零件；
(4) 使用普通车床加工时，需要昂贵工艺装备的零件；
(5) 加工同一批零件时，对尺寸一致性和加工精度要求高的零件；
(6) 工艺设计中需多次改型的零件；
(7) 价格昂贵，且加工中不允许报废的关键零件；
(8) 生产周期较短的零件。

二、数控车床的基本类型

数控车床是一种高精度、高效率的自动化机床，主要用于各种复杂的、精密度高的零件加工。常用的数控车床主要可以分为经济型数控车床、普通数控车床及车削中心 3 类。

1. 普通数控车床

普通数控车床是根据车削加工要求，在结构上进行专门设计并配备通用数控系统的数控车床。普通数控车床的数控系统功能性强，自动化程度和加工精度都较高，可同时控制 X 轴和 Z 轴两个坐标轴，应用较广，适用于一般的回转体类零件的车削加工，如图 1-1 所示为普通卧式数控车床。

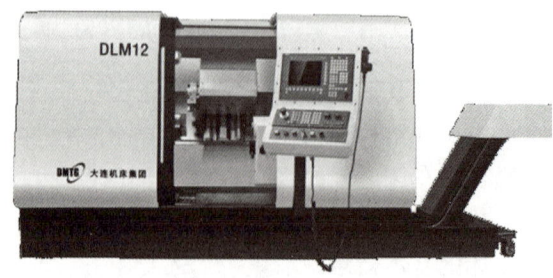

图 1-1　普通卧式数控车床

2. 经济型数控车床

经济型数控车床是在普通卧式数控车床的基础上改进而成的,一般采用步进电动机驱动的开环伺服系统,其控制部分通常采用单片机。经济型数控车床的运行成本较低,但自动化程度较差,车削加工精度较低,适用于对精度要求不高的回转体类零件的车削加工,如图 1-2 所示。

3. 车削中心(车铣复合车床)

车削中心,又称车铣复合机床,是在普通数控车床的基础上,增加了 C 轴和铣削动力头,高级的车削中心带有刀库,可同时控制 X 轴、Y 轴、Z 轴三个坐标轴。由于增加了 C 轴和铣削动力头,其加工范围大大扩大,除了可以进行一般车削之外,还可以进行径向和轴向铣削、曲面铣削,偏心孔和径向孔的加工等,如图 1-3 所示。

图 1-2　经济型数控车床

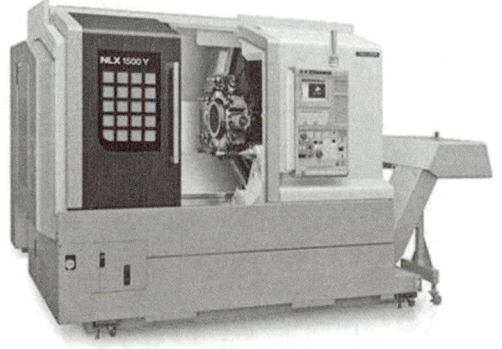

图 1-3　车削中心

三、数控车床的组成

数控车床的外形如图 1-4 所示。数控车床主要由车床主体、数控系统、执行系统和辅助系统组成。

1. 车床主体

车床主体通常由床身、滑枕、主轴箱和工作台等组成。床身为数控机床的基础结构,滑枕与床身相连,通过滑动运动控制加工件在 X 轴、Y 轴和 Z 轴 3 个方向上的位置,主轴箱安装在车床的横梁上,主要用于控制工件的转速和方向,工作台则用于固定和支撑工件。

2. 数控系统

数控系统是数控车床的核心部件,用于控制和监控车床的加工过程。数控系统通常由硬件和软件两部分组成,硬件包括控制器、编码器、驱动器和伺服电机等,软件则包括编程软件、操作系统和控制软件等。

图 1-4　数控车床的外形

3. 执行系统

执行系统用于将数控系统发出的指令转化为机械动作,控制机床在 X 轴、Y 轴、Z 轴 3 个方向上进行精准的加工运动。执行系统通常由伺服电机、伺服放大器和丝杠、滚珠等传动装置组成。

4. 辅助系统

辅助系统为数控车床提供辅助,包括冷却液系统、刀具库、自动换刀装置、夹具等。冷却液系统用于冷却切削区域,降低加工温度;刀具库和自动换刀装置能实现自动化换刀,提高加工效率;夹具则用于夹持工件,保证工件在加工过程中的稳定性。

数控车床的 4 个组成部分都有其独特的作用,共同协作完成工件的高精度加工。随着科技的不断发展,数控车床的组成也在不断升级和完善,以满足现代制造业对高效、精密、智能化生产的需求。

四、数控车床自动换刀装置的类型、特点和适用范围

数控车床的自动换刀装置包括回转刀架和动力刀架两种,如图 1-5 所示。回转刀架又分为立轴式回转刀架和卧轴式回转刀架,前者刀架结构简单,经济性好,后者的整个刀架控制系统是一个纯电气系统,结构简单可靠;动力刀架能完成车、铣、钻、镗等各个复杂工序,可以实现工序高度集中,进一步提高加工过程中的自动化程度和加工效率。

(a) 回转刀架　　　　　　　　　　　　　　(c) 动力刀架

图 1-5　自动换刀装置

任务实施

通过数控车床比较以表格的形式列出普通车床与数控车床的区别,见表 1-1。

表 1-1　普通车床与数控车床的区别

	普通车床	数控车床
实物图		

(续表)

	普通车床	数控车床
一般区别	具有手动加工和机动加工功能,加工过程需要人工干预	具有手动加工、机动加工和控制程序自动加工功能,加工过程一般不需人工干预,具有阴极射线管(Cathode Ray Tube,CRT)屏幕显示和自动报警功能
	主传动和进给传动一般采用三相交流异步电动机,由变速箱实现多级变速,以满足工艺要求,传动链长	主传动和进给传动采用直流或交流无级调速伺服电动机,一般设有主轴变速箱和进给变速箱,传动链短
	适用于加工形状简单、工序单一的工件	适用于加工复杂程度高、工序多的工件
	对操作者的技能水平要求较高	加工精度高,质量稳定,较少依赖操作者的技能水平
最显著的区别	数控车床只需改变加工程序,就能满足不同工件的加工需求,而普通车床则需对车床作较大的调整	

认识数控车床,文明生产

一、数控车床的类型

1. 按车床主轴位置分类

(1) 立式数控车床。立式数控车床简称为数控立车,其车床主轴垂直于水平面,有一个直径很大的圆形工作台,用于装夹工件。这类车床主要用于加工径向尺寸大、轴向尺寸相对较小的大型复杂零件。

(2) 卧式数控车床。卧式数控车床分为数控水平导轨卧式车床和数控倾斜导轨卧式车床。其倾斜导轨结构可以使车床具有更大的刚性,并易于排除切屑。

2. 按加工零件分类

(1) 卡盘式数控车床。卡盘式数控车床没有尾座,适合车削盘类零件。夹紧方式多为电动或液动控制,多具有可调卡爪或不淬火卡爪。

(2) 顶尖式数控车床。顶尖式数控车床配有普通尾座或数控尾座,适合车削较长的零件及直径较小的盘类零件。

3. 按刀架数量分类

(1) 单刀架数控车床。单刀架数控车床一般配置有各种形式的单刀架,如四工位卧式自动转位刀架或多工位转塔式自动转位刀架。

(2) 双刀架数控车床。双刀架数控车床的双刀架配置既可以是平行分布,也可以是相互垂直分布。

4. 其他分类

数控车床按数控系统的不同控制方式等指标可以分为直线控制数控车床、两主轴控制数控车床等；按特殊或专门工艺性能可分为螺纹数控车床、活塞数控车床、曲轴数控车床等。

以上是数控车床的常见分类方法，企业应根据自身需求选用适合的数控车床，降低生产成本。

二、文明生产

6S管理是一种管理模式，即整理、整顿、清扫、清洁、素养、安全。

（1）整理（Seiri）——将工作场所的所有物品区分为有用品和无用品，将有用品留下来，清理无用品，腾出空间，防止误用，打造清洁的工作场所。

（2）整顿（Seiton）——把留下来的必要物品依规定位置摆放整齐并加以标识，减少寻找物品的时间，消除过多的积压物品。

（3）清扫（Seisou）——将工作场所清扫干净，保持干净、亮丽的工作环境，减少工业伤害。

（4）清洁（Seiketsu）——将整理、整顿、清扫进行到底，并将其制度化，经常保持工作环境处于整洁美观的状态，保持上述3S成果。

（5）素养（Shitsuke）——每个成员养成良好的习惯，并遵守规则，培养积极主动的精神。

（6）安全（Security）——重视成员安全教育，每时每刻都有安全第一观念，防患于未然。

任务 1.2
认识数控车床操作面板

数控车床
操作面板

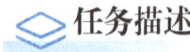 **任务描述**

通过扫描二维码观看视频认识数控车床的操作面板，掌握数控车床操作安全规范，了解相关按钮的主要用途，并学习各按钮的基本操作。

任务目标

知识目标

（1）掌握数控车床数控系统操作面板上各功能按钮的含义与用途；

(2)掌握数控车床控制面板上各功能按钮的含义与用途。

能力目标

(1)掌握数控车床控制面板的各功能键使用方法；
(2)掌握数控车床的开关机操作方法及步骤。

素质目标

(1)培养良好的操作习惯,遵守安全规范；
(2)培养团队协作精神；
(3)培养沟通交流、书面表达的能力。

相关知识

一、数控车床操作面板的组成

数控车床操作面板是操作人员与数控系统、机床进行信息交流的工具。不同数控系统和不同机床生产厂家所应用的操作面板不尽相同,但实现车床"数控化"的功能是一致的。数控车床操作面板由数控系统操作面板和数控车床控制面板组成,如图1-6所示。

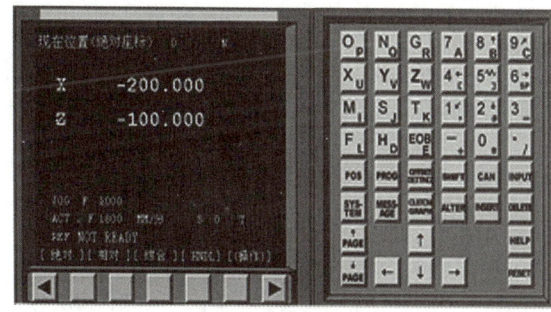
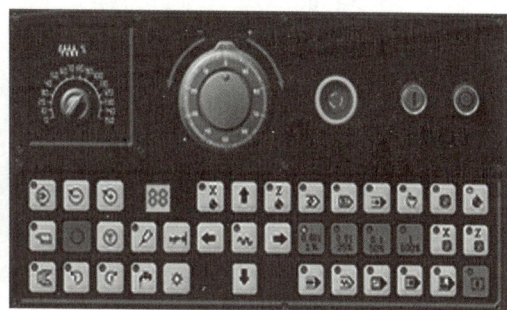

(a)数控系统操作面板　　　　　　　　　　(b)数控车床控制面板

图1-6　数控车床操作面板

数控系统操作面板一般分为三大区域：显示区(CRT屏幕)、功能软键区和MDI键盘区。

(1) CRT屏幕可以显示数控车床的各种参数和功能,如车床参考点坐标、刀具起始点坐标、指令数据、刀具补偿量的数据、报警信号、自诊断结果、滑板快速移动的速度及间隙补偿值等。

(2) 功能软键主要用于数控系统各主要功能界面的扩展。

(3) MDI键盘主要用于程序输入、编辑操作、参数输入、MDI操作及系统管理操作等。

FANUC 0i系列数控系统操作面板如图1-7所示。

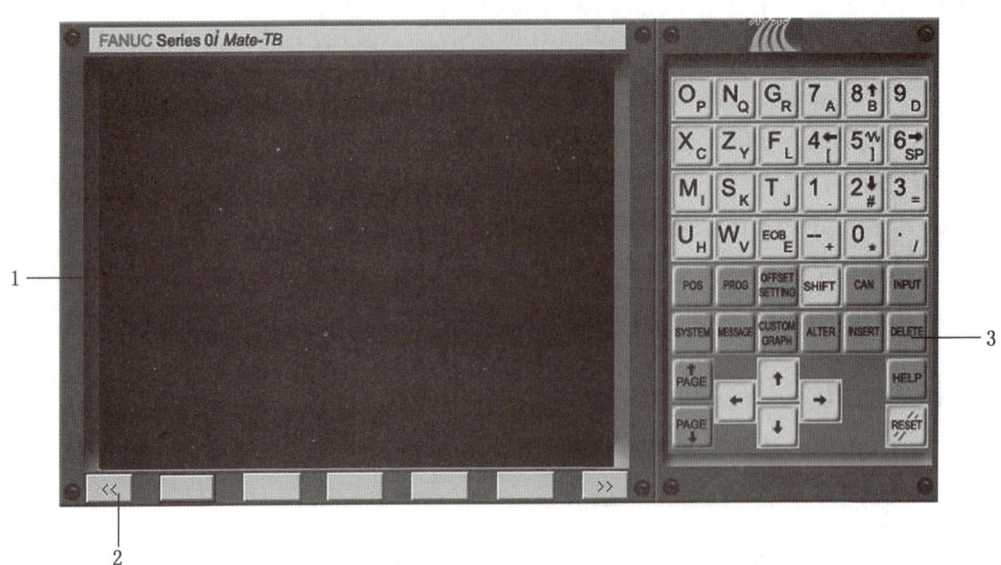

1—CRT 屏幕；2—功能软键；3—MDI 键盘

图 1-7　数控系统操作面板

二、数控系统功能键介绍

（1）RESET：复位键，可使 CNC 复位，用以消除报警。

（2）START：启动系统电源。

（3）HELP：显示如何操作机床。

（4）地址和数据键：输入字母数字和特殊符号。

（5）程序编辑键。

① ALTER：替换；

② INSERT：插入；

③ DELETE：删除；

④ INPUT：输入键，输入设定的参数补偿。

（6）光标键：在光屏上使亮点游标向上或向下及向左或向右移动。

（7）翻页键：向上或向下翻页。

（8）POS：位置键，显示刀具的现行位置坐标值。

（9）OFFSET SETTING：补偿健，设定和显示补偿值。对刀时使用较多。

（10）SHIFT：换挡键，顶部有两个字符，可用此键选择输入。

（11）MESSAGE：报警时所显示的信息。

（12）EOB：在编辑程序中程序段结束的符号。

（13）CSTM/GR：仿真时可显示图形。

（14）PROG：显示程序界面。编辑程序时使用。

（15）单段：按一下，单段功能有效。若要取消则可再按一下。

三、开机准备工作

开机前应对数控车床进行一次全面检查,检查卡盘上所装夹的工件是否牢靠、润滑系统是否正常、各部位安全装置是否正常等,当确认各部位情况正常后,方可开机。

数控车床的开机顺序依次为打开电闸,打开总电源,打开车床电源,打开数控系统电源。

任务实施

完成数控车床的基本操作,具体操作步骤见表1-2。

表1-2 数控车床基本操作步骤

任务	操作步骤	操作面板按钮图标
开机	(1) 检查"急停"按钮是否处于松开的状态; (2) 打开车床电源; (3) 按下"系统启动"按钮	急停　系统启动
关机	(1) 按下"急停"按钮; (2) 按下"系统停止"按钮; (3) 切断车床电源	急停　系统停止
回参考点 (回零)操作	(1) 按下"回零"键; (2) 按下"+X"键(刀具沿X轴正方向运动); (3) 按下"+Z"键(刀具沿Z轴正方向运动),运动结束后,相应的指示灯会亮,说明"回零"完成	回零　+X　+Z X轴回零指示灯　Z轴回零指示灯
手动进给操作	(1) 选择"JOG"方式; (2) 按下相应的"-Z""-X""+X""+Z"键使车床移动,若同时按下"快速移动"键,车床将快速移动	JOG　进给轴和方向选择开关
手摇(增量) 操作	(1) 选择"手摇"方式; (2) 拨进给轴选择开关,选择所要移动的坐标轴; (3) 按下手轮进给倍率键选择合适的进给倍率(×1、×10、×100); (4) 摇动手轮,顺时针(+):向坐标轴正方向移动;逆时针(-):向坐标轴负方向移动	手摇　进给轴选择开关 手轮进给倍率　手轮

（续表）

任务	操作步骤	操作面板按钮图标
MDI 方式操作主轴正转（转速为 500 r/min）	（1）选择"MDI"方式； （2）输入指令"M03 S500"； （3）按下"INSERT"键，完成输入； （4）按下"循环启动"键，主轴以 500 r/min 转速正转； （5）按下"RESET"键，结束 MDI 操作	MDI　　INSERT（插入键） 循环启动　　RESET（复位键）
MDI 方式操作调用刀具（2 号刀）	（1）检查刀具是否处于安全位置； （2）选择"MDI"方式； （3）输入"T0200"； （4）按下"INSERT"键； （5）按下"循环启动"键	MDI　　INSERT（插入键）　　循环启动

知识拓展

认识 FANUC 0i 数控系统操作面板和控制面板

FANUC 0i 数控系统操作面板说明见表 1-3。

表 1-3　FANUC 0i 数控系统操作面板说明

按键	功能
RESET	复位
CURSOR ↑、↓	向上、下移动光标
4TH/B、K/I、NO.P	字母数字输入，输入时自动识别所输入的为字母还是数字，三个键需要连续点击，实现在相应字母间切换
PAGE ↑、↓	向上、向下翻页
ALTER	编辑程序时修改光标块内容
INSRT	编辑程序时在光标处插入内容或插入新程序
DELET	编辑程序时删除光标块的程序内容或删除程序
EOB	编辑程序时输入";"换行
CAN	删除输入区最后一个的字符

(续表)

按键	功能
POS	切换 CRT 到机床位置界面
PRGRM	切换 CRT 到程序管理界面
MENU OFSET	切换 CRT 到参数设置界面
DGNOS PARAM	自诊断参数键
OPR ALARM	报警
AUX GRAPH	自动方式下显示运行轨迹
INPUT	DNC 程序输入或参数输入
OUTPUT START	DNC 程序输出键

FANUC 0i 数控系统控制面板说明见表 1-4。

表 1-4　FANUC 0i 数控系统控制面板说明

按键	名称		功能
		DNC	进入 DNC 模式，输入输出资料
		DRY RUN	进入空运行模式
		JOG	进入手动模式，连续移动机床
		STEP/HANDLE	进入点动/手轮模式
(旋钮)	模式选择	MDI	进入 MDI 模式，手动输入并执行指令
		REF	进入回零模式，机床必须首先执行回零操作，然后才可以运行
		AUTO	进入自动加工模式
		EDIT	进入编辑模式，用于直接通过操作面板输入数控程序和编辑程序
Start	循环启动		程序运行开始，模式选择旋钮在"AUTO"或"MDI"位置时按下有效，其余模式下使用无效
Hold	进给保持		程序运行暂停，在程序运行过程中，按下此按钮运行暂停，再按"START"从暂停的位置开始执行
Stop	停止运行		程序运行停止，在程序运行过程中，按下此按钮运行暂停，再按"START"从头开始执行

(续表)

按键	名称	功能
	单段	将此按钮按打开后,运行程序时每次执行一条数控指令
	跳段	当此按钮按下时,程序中的"/"有效
	选择性停止	当此按钮按下时,程序中的"M01"代码有效
	紧急停止	紧急停止
	主轴控制	主轴旋转、主轴停止
	手动进给	车床进给轴正向移动、车床进给轴负向移动
	进给倍率调节	将光标移至此旋钮上后,通过点击鼠标的左键或右键来调节进给倍率
	进给轴选择	将光标移至此旋钮上后,通过点击鼠标的左键或右键来选择进给轴
	点动步长选择	×1、×10、×100 分别代表移动量为 0.001 mm、0.01 mm、0.1 mm
	手动进给速度	将光标移至此旋钮上后,通过点击鼠标的左键或右键来调节手动进给速度
	手轮	将光标移至此旋钮上后,通过点击鼠标的左键或右键来转动手轮

任务 1.3
数控程序的输入与编辑

◆ 任务描述

通过实际操作 FANUC 0i 数控系统操作面板来完成数控车床程序的输入与编辑,掌握数控程序编制内容、编制方法及程序结构、常用功能指令等理论知识。

任务目标

知识目标
(1) 了解数控车床编程的定义、分类、步骤、特点与要求；
(2) 掌握数控车床编程常用功能指令。

能力目标
(1) 掌握数控车床程序手动输入与编辑的方法；
(2) 掌握利用常用功能指令进行数控车床程序与程序结构编制的方法。

素质目标
培养学生的沟通能力及团队协作精神。

相关知识

一、数控车床程序的编制过程

数控车床程序编制是指从分析零件图样到获得数控车床所需的加工程序并进行程序校核的过程。具体过程如图 1-8 所示，程序编制的具体步骤见表 1-5。

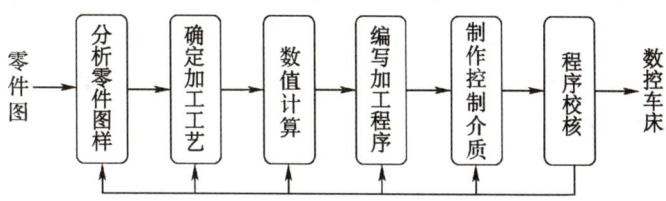

图 1-8 数控车床程序的编制过程

表 1-5 数控车床程序编制过程

步骤	说明
分析零件图样	对零件轮廓、零件尺寸精度、形位精度、表面粗糙度、技术要求、零件材料和热处理等要求的分析
确定加工工艺	合理地选择加工方案，确定加工顺序、加工路线、装夹方法、刀具及切削参数等，同时还要考虑所用数控车床的指令功能，充分发挥数控车床的效能；加工路线要短，正确地选择对刀点、换刀点，减少换刀次数
数值计算	根据零件图的几何尺寸确定工艺路线，设定坐标系，计算零件粗、精加工运动的轨迹，得到刀位数据。对于形状比较简单的零件（如直线和圆弧组成的零件）的轮廓加工，要计算出几何元素的起点、终点、圆弧的圆心、两几何元素的交点或切点的坐标值，有的还要计算刀具中心的运动轨迹坐标值。对于形状比较复杂的零件（如非圆曲线、曲面组成的零件），可用计算机进行辅助计算

(续表)

步骤	说明
编写加工程序	加工路线、工艺参数及刀位数据确定以后,就可根据数控系统规定的功能指令代码及程序段格式,逐段编写加工程序。此外,必要时还应附上加工示意图以及说明
制作控制介质	有时需要把编制好的加工程序的内容记录在控制介质上,如磁带、软盘等,便于输入数控系统。一般情况下,加工程序是通过手动输入或通信传输送入数控系统的
程序校核	加工程序必须经过校验和试切削才能正式使用,通常可以通过数控车床的空运行来检查程序格式有无差错,或用模拟仿真软件来检查刀具加工轨迹的正误,根据加工模拟轮廓的形状与图纸对照检查。这些方法仍无法检查出刀具偏置误差和编程计算不准而造成的零件误差大小,切削用量是否合适,刀具断屑效果和工件表面质量是否达到要求,须采用首件试切的方法来进行实际效果的检查,以便对程序进行修正

二、数控车床程序的编制方法

数控车床程序编制(数控编程)的方法包括手工编程和自动编程。

1. 手工编程

由人工来完成数控车床程序编制各个阶段的工作。当被加工零件形状简单或程序较短时,可以采用手工编程。

2. 自动编程

借助数控语言编程系统或图形编程系统,使用计算机或编程机,完成零件程序的编制过程,适用于形状复杂的零件。

三、数控车床编程的基础知识

1. 编程坐标系与工件编程原点

编程坐标系是针对某一工件并根据零件图样建立的坐标系。

编程坐标系的原点称为工件编程原点,工件编程原点可浮动,用来确定工件轮廓坐标值。编程坐标系与工件编程原点的示例如图1-9所示。

数控车削加工中,工件的编程坐标系一般与工件坐标系重合。

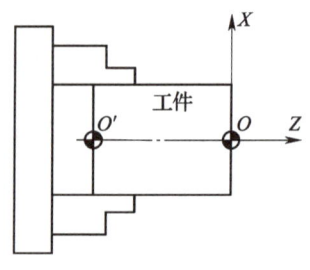

图1-9 编程坐标系与工件编程原点

2. 绝对坐标与相对(增量)坐标

绝对坐标与相对(增量)坐标的概念见表1-6。

表 1-6 绝对坐标与相对(增量)坐标

分类	定义	举例	图示
绝对坐标	刀具刀位点相对于编程的坐标系原点的坐标值	刀具从 A 点移动到 B 点，使用 B 点的坐标值，其指令为 X30.0　Z70.0；	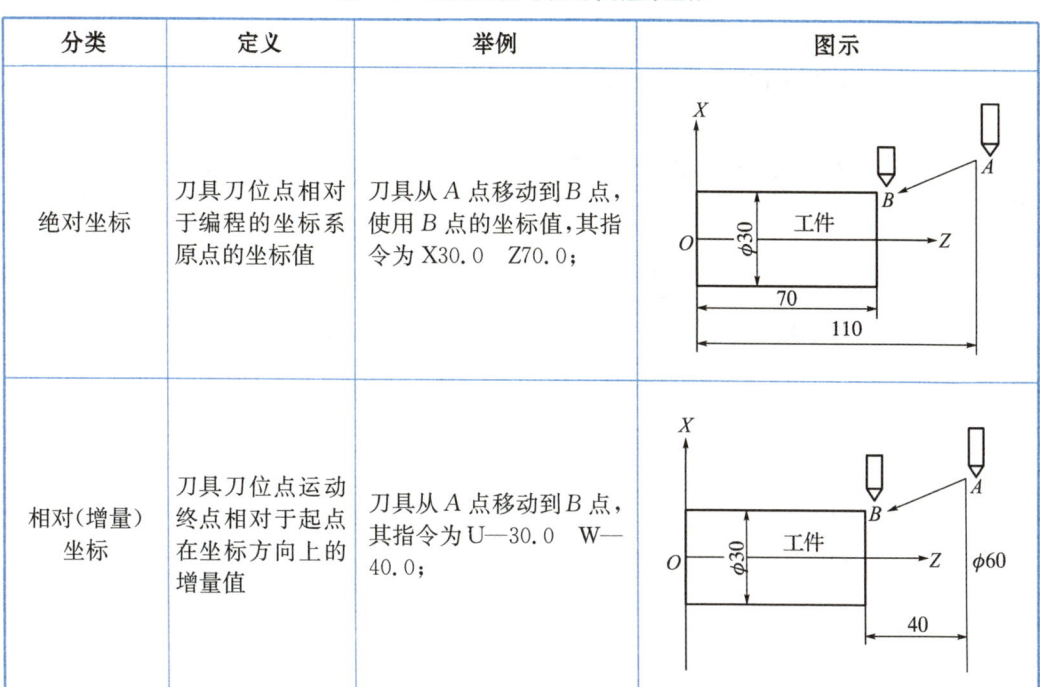
相对(增量)坐标	刀具刀位点运动终点相对于起点在坐标方向上的增量值	刀具从 A 点移动到 B 点，其指令为 U—30.0　W—40.0；	

编写程序时，需要给定轨迹终点或目标位置的坐标值，编程方式按编程坐标值不同可分为绝对坐标编程、相对(增量)坐标编程和混合坐标编程。

(1) 绝对坐标编程：使用 X 轴、Z 轴的绝对坐标值(用 X、Z 表示)编程。

(2) 相对(增量)坐标编程：使用 X 轴、Z 轴的绝对位移值(用 U、W 表示)编程。

(3) 混合坐标编程：允许在同一程序段中，X 轴、Z 轴分别使用绝对编程坐标值和相对(增量)位移量编程。

3. 直径、半径方式编程

直径和半径两种编程方式分别可通过准备功能指令 G22 和 G23 指定。对数控车床而言，默认的编程方式为直径方式编程。

绝对坐标编程、相对(增量)坐标编程和混合坐标编程在 X 轴上都可使用直径编程与半径编程。

四、数控车床程序的结构

1. 程序结构

数控车床程序是在数控车床加工中，为使数控车床正常运行而送到数控系统中的一组指令。

程序由程序号、程序内容和程序结束组成，示例见表 1-7。

(1) 程序号。程序号为程序的开始部分，为了区别存储器中的程序，每个程序都要有程序编号，在编号前采用程序编号地址码。程序号通常由字符"O""P""%"及数字组成。不同的数控系统，采用的程序名地址码不同，如 FANUC 公司产品用"O"，美国

AP8400 系统用"P",而 SIEMENS 公司产品则用"%"。

（2）程序内容。程序内容是整个程序的核心,由许多程序段组成,每个程序段由若干个字组成,每个字又由地址符和数字字符组成。在程序中能作为指令的最小单位称为字。

（3）程序结束。以程序结束指令 M02、M03 等作为整个程序结束的符号,结束整个程序。

表 1-7 加工程序结构举例

程序结构	加工程序示例
程序号	O0001
程序内容	N10 G50 X100.0 Z100.0
	N20 M03 S500
	N30 T0101
	N40 G0 X50.0 Z2.0
	……
	……
程序结束	N220 M30

2. 程序段格式

数控车床程序的程序段格式如下：

N_ G_ X_ Z_（U_ W_）F_ S_ T_ M_;

其中,G 为准备功能字;X、Z 为尺寸字;F 为进给指令字;S 为主轴功能字;T 为刀具功能字;M 为辅助功能字。

程序段示例见表 1-8。

表 1-8 程序段示例

程序内容	N10	G01	X50	F0.3	S500	T0202	M08	;
对应功能	程序段号	准备功能	坐标字	进给功能	主轴功能	刀具功能	辅助功能	结束符号

五、数控车床常用的功能指令

1. 准备功能

准备功能(G 功能)又称 G 指令或 G 代码,其格式如下。

准备功能指令=字地址 G+2 位数字(少数使用 3 位数字)。

G 后面 2 位数字决定准备功能的意义。它主要起到命令车床进行加工运动和决定插补方式的作用。

G 功能有非模态 G 功能和模态 G 功能之分。常见的 G 功能说明见表 1-9。

表 1-9　G 功能说明

G 代码	功能	参数后续字地址	G 代码	功能	参数后续字地址
G00	快速定位	X(U)、Z(W)	G52	局部坐标设定	—
G01	直线插补	X(U)、Z(W)			
G02	顺时针圆弧插补	X(U)、Z(W)、I、K、R			
G03	逆时针圆弧插补	X(U)、Z(W)、I、K、R			
G04	暂停	P、X	G54、G55、G56、G57、G58、G59	零点偏置	—
G20	英寸制	—	G65、G66、G67	宏指令简单调用	P、A、Z
G21	毫米制				
G28	返回至参考点	X、Z	G70	精车	X(U)、Z(W)、P、Q、U、W、R、E
			G71	外径/内径粗车复合循环	
G30	由参考点返回		G72	端面粗车复合循环	
			G73	闭环粗车复合循环	
			G76	螺纹切削复合循环	
G32	螺纹切削	X(U)、Z(W)、F	G90	外径/内径单一循环	X(U)、Z(W)、I
G34	变螺距螺纹切削	X(U)、Z(W)、F、K	G94	端面单一循环	X(U)、Z(W)、K
G40	刀尖半径补偿取消	D、H	G92	螺纹切削单一循环	X(U)、Z(W)、I、F
G41	左刀补				
G42	右刀补				

2. 进给指令

进给指令又称 F 指令,其格式如下。

进给指令=字地址 F+进给量。

F 指令表示工件被加工时刀具相对于工件的进给量,其单位取决于指令前的 G 功能。若使用 G98 则单位为 mm/min(每分钟进给量);若使用 G99 则单位为 mm/r(主轴每转一次刀具的进给量),G99 在使用中通常可省略,如图 1-10 所示。数控车床多使用每转进给,F 指令还可以用来指定螺纹导程。

例如:G98 F200 表示进给量为 200 mm/min。

G99 F0.5 表示进给量为 0.5 mm/r。

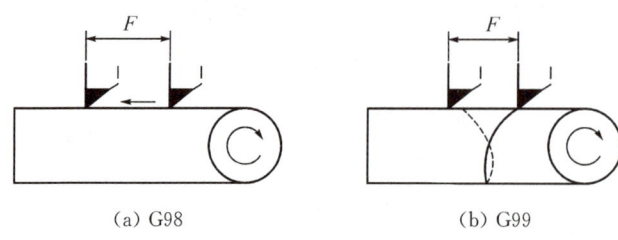

图 1-10 G98 与 G99 指令的区别

每分钟进给量与每转进给量的转化公式如下：

$$f_m = f_r n$$

式中 f_m——每分钟进给量（mm/min）；
  　　f_r——每转进给量（mm/r）；
  　　n——主轴转速（r/min）。

3. 主轴功能

主轴功能（S 功能）又称 S 指令或 S 代码，其格式如下。

主轴功能指令＝字地址 S＋主轴转速。

S 功能控制车床主轴转速，其后的数值表示主轴速度，单位为 r/min。S 功能是模态指令，其只有在主轴速度可调节时有效，S 编程的主轴转速可以借助车床控制面板上的主轴倍率开关进行调整。在数控车削加工中，刀具作插补运动来切削工件时，车床主轴的转速为

$$n = \frac{1000v}{\pi d}$$

式中 d——工件外径（mm）；
  　　v——切削速度（m/min）。

例如，工件的外径为 50 mm，要求的切削速度为 100 m/min，经计算可得 $n=637$，因此主轴转速为 637 r/min，S 功能表示为 S637。

为保证车削后工件的表面粗糙度一致，数控车床一般提供可以设置恒切削速度的指令，车削过程中数控系统根据车削时工件不同位置处的直径计算主轴的转速。

恒切削速度设置方法如下。

（1）G96 S＿：S 后面数字的单位为 m/min。

G96 是接通恒线速度控制的指令。此时，用 S 指定的数值为切削速度。数控装置根据刀架在 X 轴的位置计算出主轴的转速，自动而连续地控制主轴转速，使之始终与由 S 功能所指定的切削速度相对应。例如，G96 S300 表示自动改变转速，使切削速度为 300 m/min。在恒线速度控制中，由于数控系统是将 X 轴的坐标值当作工件的直径来计算主轴转速，所以在使用 G96 指令前必须正确设定工件的坐标系。

（2）G97 S＿：S 后面数字的单位为 r/min。

G97 是取消恒线速度控制的指令，此时使用 S 指定的数值表示主轴转速。G97 后面

若无 S,表示保留 G96 的最终值。

(3) G50 S＿：S 后指定最高主轴转速,单位为 r/min。

使用恒切削速度指令后,由于主轴的转速在工件不同截面上是变化的,为防止主轴转速过高而发生危险,在设置恒切削速度前,可以将主轴最高转速设置在某一个最高值,切削过程中当执行恒切削速度时,主轴转速将被限制在最高值以下。

G50 的功能中有坐标系设定和主轴最高转速设定两种功能,此处使用后一种功能。S 指定的数值是主轴最高转速。例如,G50 S1500 是把主轴最高转速设定为 1 500 r/min。

4. 刀具功能

刀具功能(T 功能)又称 T 指令或 T 代码,其格式如下。

刀具功能指令＝字地址 T＋4 位数字。

T 功能用于选刀,其后的 4 位数字分别表示选择的刀具号和刀具补偿号。数字与刀架上刀号的关系是由车床制造厂规定的。

5. 辅助功能

辅助功能(M 功能)又称 M 指令或 M 代码,其格式如下。

辅助功能指令＝字地址 M＋2 位数字(少数使用 3 位数字)。

M 功能有非模态和模态 2 种形式。非模态 M 功能只在所在当前程序段中有效;而模态 M 功能从所在当前程序段的后续行一直有效,直到被同一组 M 功能所取代。M 功能说明见表 1-10。

表 1-10　M 功能说明

M 代码	模态情况	功能	M 代码	模态情况	功能
M00	非模态	程序停止	M03	模态	主轴正转启动
M02		程序结束	M04		主轴反转启动
M30		程序结束并返回程序起点	M05		主轴停止转动
M98		调用子程序	M06		换刀
M99		子程序结束	M07		切削液开启
—		—	M08		切削液关闭

M00、M02、M30、M98、M99 一般用于控制零件程序的走向,其余 M 代码用于车床各种辅助的形状动作,其由 PLC 程序指定,所以可能因车床制造厂不同而有差异,常用 M 功能的说明如下。

(1) 程序暂停(M00)。当程序执行到 M00 指令时,将暂停执行当前程序,以方便操作者进行刀具和工件的尺寸测量、工件调头、手动变速等操作。暂停时,数控车床的主轴、进给及切削液停止。若要继续执行后续程序,则按下操作面板上的"循环启动"键。

(2) 程序结束(M02)。在主程序的最后一个程序段中,程序执行到 M02 指令时数控车床的主轴进给切削液全部停止,使用 M02 结束程序后若要重新执行该程序需要重新调用该程序。

(3) 程序结束并返回程序起始(M30)。程序结束并返回程序起始,与 M02 功能基本相同。使用 M30 结束程序后,若要重新执行该程序,只需再次按下操作面板上的"循环启动"键即可。

◆ 任务实施

完成数控车床程序输入与编辑,具体操作步骤见表 1-11。

表 1-11 数控车床程序输入与编辑的操作步骤

任务	操作步骤	操作面板按钮图标
创建程序	(1) 按下"编辑"键,进入编辑运行模式; (2) 按下"PROG"功能键; (3) 输入地址 O,输入程序号(如 O1000),按下"INSERT"键; (4) 按下"EOB"键; (5) 再次按下"INSERT"键,即可在程序编辑界面上完成新程序"O1000"的输入	编辑键　PROG 键 INSERT 键　EOB 键
调用内存中储存的程序	(1) 按下"编辑"键,进入编辑运行模式; (2) 按下"PROG"功能键; (3) 输入地址 O,输入要调用的程序号(如 O1000); (4) 按下光标向下移动键即可完成程序"O1000"的调用	编辑键　PROG 键　光标向下移动键
删除程序	(1) 按下"编辑"键,进入编辑运行模式; (2) 按下"PROG"功能键; (3) 输入地址 O,输入要调用的程序号(如 O1000); (4) 按下"DELETE"键; (5) 根据屏幕提示,按下屏幕下方的"EXEC"软键,即可完成单个程序"O1000"的删除	编辑键　PROG 键　DELETE 键
删除程序段	(1) 按下"编辑"键,进入编辑运行模式; (2) 用光标移动键检索到将要删除的程序段地址 N(如 N0010); (3) 按下"EOB"键; (4) 按下"DELETE"键,即可将当前光标所在的程序段删除	编辑键　EOB 键　DELETE 键
程序字的检索	(1) 按下"编辑"键,进入编辑运行模式; (2) 用光标移动键检索,按下光标向左或向右移动键,光标将在屏幕上向左或向右移动一个地址字; (3) 按下光标向上或向下移动,光标将移动到上一个或下一个程序段的开头; (4) 按下"PAGE"键,光标将向前或向后翻页显示	编辑键　光标移动键　翻页键

项目1　数控车床操作基础

(续表)

任务	操作步骤	操作面板按钮图标
返回程序起始	(1) 按下"编辑"键,进入编辑运行模式; (2) 按下"RESET"键即可使光标跳到程序开头	编辑键　　RESET 键
程序字的插入	(1) 按下"编辑"键,进入编辑运行模式; (2) 用光标移动键检索到要插入位置前的字,键入要插入的地址字和数据; (3) 按下"INSERT"键,即可完成插入	编辑键　光标移动键　INSERT 键
程序字的替换	(1) 按下"编辑"键,进入编辑运行模式; (2) 用光标移动键检索到将要替换的字,键入要替换的地址字和数据; (3) 按下"ALTER"键,即可完成替换	编辑键　光标移动键　ALTER 键
程序字的删除	(1) 按下"编辑"键,进入编辑运行模式; (2) 用光标移动键检索到将要删除的字; (3) 按下"DELETE"键,即可完成删除	编辑键　光标移动键　DELETE 键
输入过程中字的删除	在程序字符的输入过程中,如发现当前字符输入错误,按下一次"CAN"键,即可删除一个当前输入的字符	CAN 键

知识拓展

识别面板

数控车床控制面板功能键说明,见表1-12。

表1-12　数控车床控制面板功能键说明

功能键	名称	功能说明
	主轴减速	控制主轴减速
	主轴加速	控制主轴加速
	主轴停止	主轴停住

（续表）

功能键	名称	功能说明
⊤	主轴手动允许	按下该按钮可实现手动控制主轴
⊃	主轴正转	按下该按钮，主轴正转
⊂	主轴反转	按下该按钮，主轴反转
⊢⊣	超程解除	系统超程解除
☼	手动换刀	按下该按钮将手动换刀
X	回参考点 X	在回原点状态下，按下该按钮，X 轴将回零
Z	回参考点 Z	在回原点状态下，按下该按钮，Z 轴将回零
↑	X 轴负方向移动按钮	按下该按钮将使主轴向 X 轴负方向移动
↓	X 轴正方向移动按钮	按下该按钮将使主轴向 X 轴正方向移动
←	Z 轴负方向移动按钮	按下该按钮将使主轴向 Z 轴负方向移动
→	Z 轴正方向移动按钮	按下该按钮将使主轴向 Z 轴正方向移动
	回原点模式按钮	按下该按钮将使系统进入回原点模式
X	手轮 X 轴选择按钮	在手轮模式下选择 X 轴
Z	手轮 Z 轴选择按钮	在手轮模式下选择 Z 轴
	快速	在手动连续情况下使主轴移动处于快速方式下

(续表)

功能键	名称	功能说明
	自动模式	按下该按钮使系统处于运行模式
	JOG 模式	按下该按钮使系统处于手动模式，手动连续移动车床
	编辑模式	按下该按钮使系统处于编辑模式，用于直接通过操作面板输入数控程序和编辑程序
	MDI 模式	按下该按钮使系统处于 MDI 模式，手动输入并执行指令
	手轮模式	按下该按钮使主轴处于手轮控制状态下
	循环保持	按下该按钮使主轴进入保持状态
	循环启动	按下该按钮使系统进入循环启动状态
	机床锁定	按下该按钮将锁定机床
	空运行	按下该按钮将使车床处于空运行状态
	跳段	按下按钮后，数控程序中的注释符号"/"有效
	单段	按下按钮后，运行程序时每次执行一条数控指令
	进给选择旋钮	将光标移至此旋钮上后，通过点击鼠标的左键或右键来调节进给倍率
	手轮进给倍率	调节手轮操作时的进给速度倍率
	急停按钮	按下急停按钮，使车床移动立即停止，并且所有的输出，如主轴的转动等都会关闭
	手轮	—
	电源开	—
	电源关	—

任务 1.4 数控车床维护与保养

任务描述

通过扫描二维码观看数控车床清理与维护的视频,查找数控车床的日常维护手册等相关资料,熟悉数控车床日常维护与保养内容。

数控车床的清理与维护

任务目标

知识目标

(1) 了解数控车床操作规范;
(2) 了解数控车床的维护与保养事项。

能力目标

(1) 学会按操作规程操作数控车床;
(2) 能够完成数控车床的维护与保养。

素质目标

培养学生的沟通能力及团队协作精神。

相关知识

一、数控车床的操作规程

文明生产与安全操作是企业管理中一项十分重要的内容,它直接影响产品质量、设备和工、夹、量具的使用效果及寿命,还会影响操作者技能的发挥。因此,严格遵守下列操作规程不仅可以给操作者提供一个安全的工作环境,而且可以提高生产效率。

(1) 操作时戴上防护目镜,穿上安全防护鞋。
(2) 戴安全帽,工作服的袖口和衣边应系紧。
(3) 操作过程中不能戴手套。
(4) 操作数控系统前,应检查两侧的散热风机是否正常工作,以保证良好的散热效果;应该仔细检查车床各部分机构是否完好,各种手柄、变速手柄(经济型数控车床中)的位置是否正确,还应按要求认真检查数控系统及各电器附件的插头、插座是否连接可靠。
(5) 操作数控系统时,对各按键的操作不得用力过猛,更不允许用扳手或其他工具进行操作。
(6) 车床周围环境应保持干净、整洁、光线适宜,附近不能放置其他杂物,以免给操作者带来不便。

（7）未经过安全操作培训的人员不能操作车床。

（8）操作者尽量不要更换或增加夹具、工件装夹和辅助设备。

（9）车床上所用的夹具、工件装夹必须具有足够的刚性,安装时必须采取防松措施。

（10）车床,特别是车床的运动部件上不能放置工件、工具等物品。

（11）数控系统在不使用时,要用布罩套上,防止灰尘进入,并应定期进行内部除尘或细微清理。

（12）在清除沉积在车床、配电板以及NC控制装置上的灰尘、碎屑时,避免使用压缩空气。

（13）操作和维修人员必须特别注意安全标牌上有关安全警告的说明,操作时应完全按照说明进行。

（14）车床上的固定防护门、各种防护罩、盖板,只有在调试车床时才能打开,NC控制单元以及配电柜的门不可随意打开。

（15）安全装置均不得随意拆卸或改装,如行程两端的限位撞块以及电器互锁装置的限位开关。

（16）调整和维修车床时所用的扳手等工具必须是标准工具。

（17）记住急停按钮的位置,以便于在紧急情况下能够快速找到并按下。

（18）车床在运转时,身体各部位都不能接近运转部件。

（19）清理铁屑时,应先停机,注意不能用手清理刀盘及排屑装置里的铁屑。

（20）先停机,然后再调整冷却喷嘴的位置。

（21）安装刀具时,应使主轴及各运动轴停止运转,注意其伸出长度不得超过规定值。刀盘转位时要特别注意,防止刀尖和床身、拖板、防护罩、尾座等发生碰撞。

（22）当自动转位刀架未回转到位时,不得强行用外力使刀架非正常定位,以防止损坏刀架的内部结构。

（23）完成对刀后,要做模拟换刀过程试验,以防止正式操作时发生撞坏刀具、工件或设备等事故。

（24）工件装夹时应尽量平衡,未平衡时不能启动主轴。

（25）虽然数控车削加工过程是自动进行的,但并不属无人加工性质,仍需要操作者经常观察,不允许随意离开生产岗位。

（26）要注意环境温度对数控系统的影响,勤观察纵横向步进电机的温升变化情况,出现异常时立即停机检查。

（27）卡爪必须为标准卡爪。卡爪装好后,其外围必须在卡盘外径以内。

（28）软爪成形切削时,应注意软爪的夹紧位置和形状。软爪成形后,检查其夹持零件是否牢靠,夹持力是否合适。

（29）当同时用卡盘和顶尖夹持工件时,应注意工件的重量、中心孔的形状和大小及顶紧力。

（30）如果顶持一个重而中心孔又小的工件,在加大载荷时,会损伤顶尖,致使工件飞出,因此,要特别注意顶尖孔的大小,使顶尖的负荷不要太大。

(31) 操作完成后,先按规定切断电源,然后把车床各部位(包括导轨)擦拭干净,再按使用说明书中的规定给导轨和各运动部位涂上防锈油。还应认真做好交接班工作,必要时应做好文字记录(如加工程序及程序执行情况等)。

二、数控车床的日常维护

数控车床是自动化程度高、结构复杂且价格昂贵的先进加工设备,在现代工业生产中发挥着巨大的作用。只有做好数控车床的日常维护、保养,降低数控车床的故障率,才能充分发挥数控车床的作用。一般情况下,数控车床的日常维护和保养是由专业操作人员来进行的。

1. 日常维护要点

(1) 对设备进行全面擦拭保养,去除设备的油污,使设备外表保持本色,如手轮、主轴等。清除各部位积屑,擦拭床身各导轨面及滑动面。

(2) 检查各润滑油平面,不得低于油标以下,及时加注各部位润滑油,如图1-11所示。

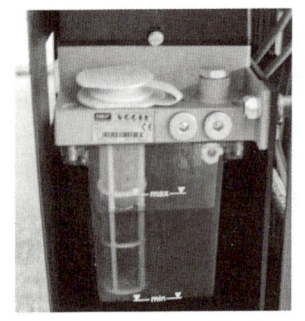
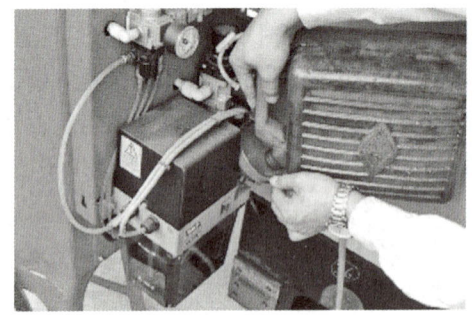

(a) 检查润滑油油位　　　　　　(b) 加注润滑油

图1-11　润滑油油位检查与加注

(3) 全面整理工具箱。

(4) 彻底清扫场地。

2. 具体操作步骤

(1) 将刀架移动到靠近尾座处。使用气枪、刷子清除铁屑灰尘、杂物和油污,使工作导轨及护罩面保持洁净。

(2) 利用油嘴给各润滑部位加注润滑油。

(3) 检查导轨润滑油箱的油量。

(4) 检查压缩空气气源压力是否正常。

(5) 检查X轴、Z轴导轨面的润滑情况以及清除切屑、脏物,检查导轨面有无刮伤损坏。

(6) 检查各防护装置是否齐全。

(7) 检查电气柜各散热通风装置是否正常工作,有无堵塞。

(8) 填写交接班记录。

🔷 任务实施

完成表 1-13 中的数控车床日常检查内容。

表 1-13 数控车床日常维护与保养

序号	检查周期	检查部位	检查内容
1	每天	导轨润滑机构	油标、润滑泵,每天使用前手动打油润滑导轨
2	每天	导轨	清理切屑及脏物,滑动导轨检查有无划痕,滚动导轨检查润滑情况
3	每天	液压系统	油箱泵有无异常噪声,工作油面高度是否合适,压力表指示是否正常,有无泄漏
4	每天	主轴润滑油箱	油量、油质、温度、有无泄漏
5	每天	液压平衡系统	工作是否正常
6	每天	气源自动分水过滤器、自动干燥器	及时清理分水过滤器中过滤出的水分,检查过滤器有无堵塞,及时清洗过滤器
7	每天	电器箱散热、通风装置	冷却风扇工作是否正常
8	每天	各种防护罩	有无松动、漏水,特别是导轨防护装置
9	每天	车床液压系统	液压泵有无噪声,压力表示数个接头有无松动,油面是否正常
10	每周	空气过滤器	坚持每周清洗一次,保持无尘,通畅,发现损坏及时更换
11	每周	各电气柜过滤网	清洗黏附的尘土
12	半年	滚珠丝杠	洗丝杠上的旧润滑脂,更换新润滑油
13	半年	液压油路	清洗各类阀、过滤器,清洗油箱底,换油
14	半年	主轴润滑箱	清洗过滤器,油箱,更换润滑油
15	每年	电机碳刷	检查换向器表面,去除毛刺,吹净碳粉,磨损过多的碳刷及时更换
16	每年	冷却油泵过滤器	清洗冷却油池,更换过滤器
17	不定期	主轴电动机冷却风扇	除尘,清理异物
18	不定期	运屑器	清理切屑,检查是否卡住
19	不定期	电源	供电网络大修,停电后检查电源的相序与电压
20	每天	电动机传动带	调整传动带松紧
21	不定期	刀库	检查刀库定位情况,机械手对主轴的位置
22	不定期	冷却液箱	随时检查液面高度,及时添加冷却液

知识拓展

数控车床的安全操作

一、数控车床安全操作注意事项

1. 开关机顺序

（1）开机，首先打开电源，然后按下 NC 通电按钮，待系统启动后，释放急停按钮，让车床返回参考点，车床进入正常工作状态。

（2）关机，首先按下急停按钮，关掉 NC 通电按钮，最后关上电源按钮。

2. 返回参考点

车床开机后或当车床操作过程中出现超程、撞刀、停电、急停情况时，必须返回参考点。返回参考点的方法有以下 2 种：

（1）MDI 运行程序段 G28U0.W0；

（2）利用车床回零按键操作。

返回参考点的目的是建立车床坐标系的绝对原点。只有这样，车刀移动才有依据，程序才准确，不至于发生车床碰撞的情况。

3. 急停

在加工过程中，若出现危险情况或故障，按下车床操作面板上的急停按钮，车床将立即停止运动。将故障排除后，顺时针方向旋转急停按钮即可解除急停。

二、数控车床日常维护与保养注意事项

（1）通电时，先强电后弱电，断电时顺序相反。

（2）除进行必要的调整和检修外，不允许随便开启柜门，更不允许敞开柜门进行加工。

（3）一般情况下，电池即使未失效也应该每年更换一次，以确保系统能够正常工作。更换电池要在通电情况下进行，以避免数据丢失。

（4）数控车床长期闲置时，要经常给系统通电，让车床锁住并进行空运行，每月两次，通电时间不少于 1 h。这样就可以利用元器件本身的散热来驱散数控装置中的潮气，以保证元器件稳定、可靠。

项目 2

简单光轴零件编程与仿真

本项目主要介绍光轴零件的编程、加工及对刀操作,涉及的知识点主要有 G 功能指令,即 G00、G01;常用的辅助功能指令,即 M 功能指令;手摇模式下的对刀操作技巧;外圆车刀的具体对刀操作过程及仿真操作实施。

任务 2.1
数控车床的手动操作及对刀

光轴加工
对刀操作

通过扫描二维码,观看视频学习光轴加工对刀操作。采用手摇或手动切削方式加工如图 2-1 所示的工件,工件材料选用 $\phi50$ mm×90 mm 的 $45^\#$ 钢,刀具的装夹与校正利用普通车床操作技能完成。

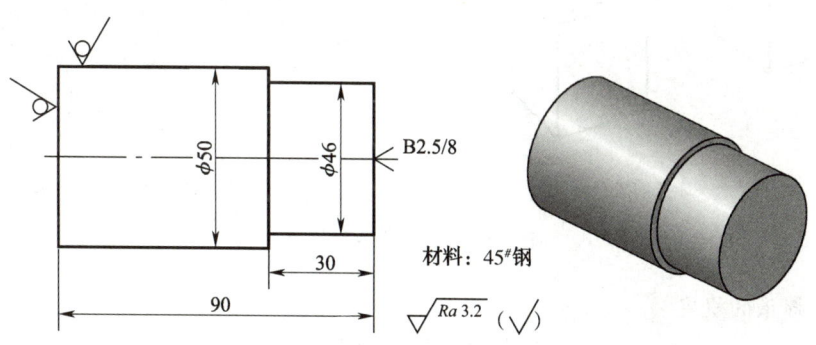

图 2-1 手动操作加工工件

 **任务目标**

知识目标
(1) 掌握数控车床坐标系的确定方法;
(2) 巩固数控车床基本操作技能。

能力目标
(1) 能够判断数控车床的坐标系;
(2) 掌握数控车床的基本操作步骤;
(3) 掌握对刀操作技能。

素质目标
(1) 树立安全第一的意识,养成安全文明生产的习惯;
(2) 培养学生分析问题、解决问题的能力。

 **相关知识**

数控车床坐标系

一、数控车床的坐标系

数控车床的坐标系包括水平床身前置刀架式和倾斜床身后置刀架式两种。如图 2-2(a) 所示为水平床身前置刀架式数控车床的坐标系,如图 2-2(b) 所示为倾斜床身后置刀架式数控车床的坐标系。

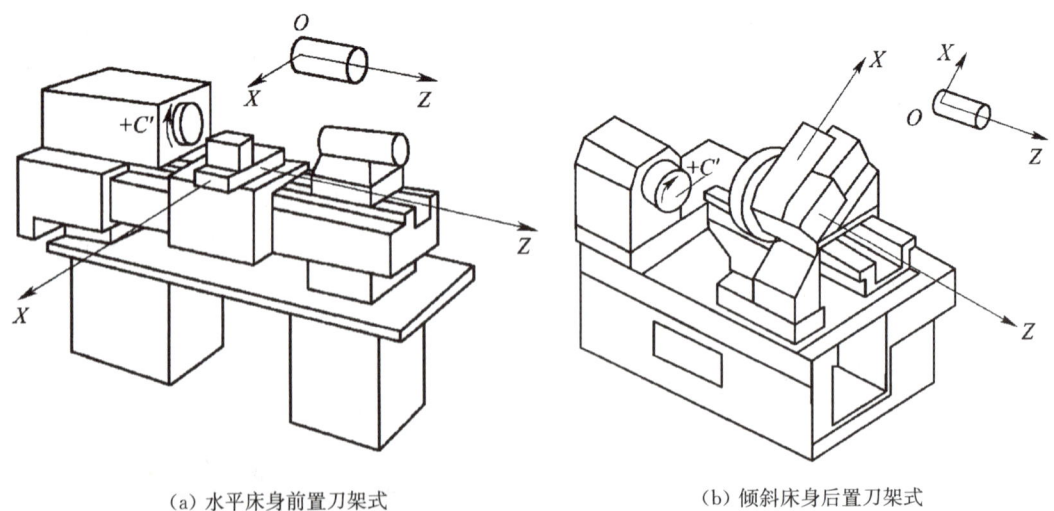

(a) 水平床身前置刀架式   (b) 倾斜床身后置刀架式

图 2-2 数控车床坐标系

1. 坐标系的规定

数控车床上的坐标系为右手笛卡尔直角坐标系,如图 2-3 所示。

项目2 简单光轴零件编程与仿真

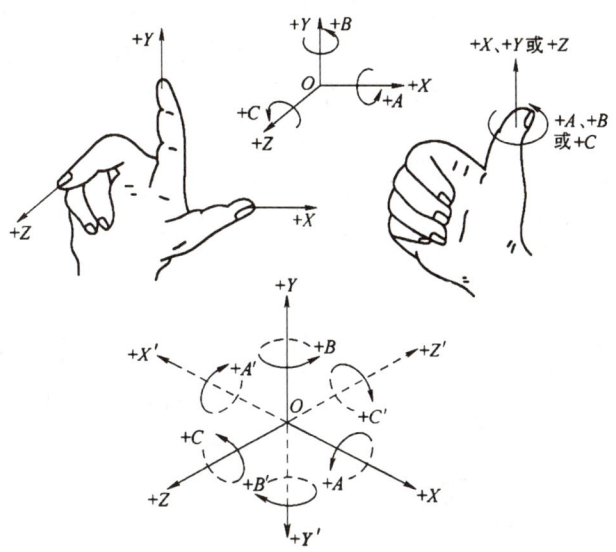

图 2-3 右手笛卡尔直角坐标系

大拇指指向 X 轴的正方向,食指指向 Y 轴的正方向,中指指向 Z 轴的正方向。

坐标轴和运动方向命名的原则如下。

(1) 车床在加工零件时可以将刀具移向工件,也可以将工件移向刀具。为了根据图样确定机床的加工过程,假定刀具相对于静止的工件运动。

(2) 刀具远离工件的运动方向为坐标轴的正方向。

(3) 车床主轴旋转运动的正方向是右旋螺纹进入工件的方向。

2. 运动方向的确定

运动方向的确定方法见表 2-1。

表 2-1 运动方向的确定

运动类别	说明
Z 轴的运动	Z 轴的运动由传递切削力的主轴决定,与主轴轴线平行的坐标轴即为 Z 轴。如果车床上有几个主轴,则选一垂直于工件装夹卡面的主轴作为主要的主轴
X 轴的运动	X 轴为水平的且平行于工件装夹面的方向,这是在刀具或工件定位平面内运动的主要坐标。对于工件旋转的机床(如车床等),X 轴的方向在工件的径向上,且平行于横滑座。刀具离开工件旋转中心的方向为 X 轴正方向
Y 轴的运动	Y 轴垂直于 X 轴、Z 轴,Y 轴运动的正方向根据 X 轴和 Z 轴的正方向,按右手笛卡尔直角坐标系来判断(普通数控车床没有 Y 轴方向的移动)
旋转运动 A、B 和 C	A、B 和 C 相应地表示其轴线平行于 X 轴、Y 轴和 Z 轴的旋转运动。A、B 和 C 的正方向,相应地表示在 X 轴、Y 轴和 Z 轴正方向上按照右旋螺纹前进的方向

国家标准《工业自动化系统与集成　机床数值控制　坐标系和运动命名》(GB/T

19660—2005)中规定：数控车床的主轴轴线方向作为 Z 轴，其正方向为刀具远离工件的方向，X 轴位于与工件安装面平行的水平平面内，垂直于主轴轴线方向，刀具远离主轴轴线的方向为 X 轴的正方向。其中，卧式数控车床坐标轴方向的确定方法见表2-2。

表2-2 卧式数控车床坐标轴方向的确定

数控车床分类	刀架类型	Z 轴方向的确定	X 轴方向的确定	图例
水平床身前置刀架式数控车床	前置四方回转刀架	刀具沿 Z 轴远离工件的方向为正方向	刀架沿 X 轴向前运动为负方向，向后运动为正方向	
倾斜床身后置刀架式数控车床	后置转塔刀架		刀架沿 X 轴向前运动为正方向，向后运动为负方向	

二、车床原点与机械原点

1. 车床原点

车床原点也称为车床零点，其位置通常由车床制造厂来确定，数控车床的车床原点的位置大多规定在其主轴轴心线与装夹卡盘的法兰盘端面的交点上，该原点是确定机械原点的基准。

2. 机械原点（机械零点）

对于大多数数控车床，开机第一步总是先使车床返回机械原点（即车床回零），从而建立车床坐标系。

机械原点又称车床固定原点或车床参考点。机械原点为数控车床上的固定位置，通常设置在 X 轴和 Z 轴的正向的最大行程处，并由行程限位开关来确定其具体位置。

利用车床回参考点操作或执行数控系统所指定自动返回机械原点指令，可以使接受指令的轴自动返回机械原点。

数控车床中的机械原点与车床原点一般不重合，其距离由系统参数设定，车床开机回参考点后显示的机械坐标值即是系统参数中设定的距离值。

车床原点与机械原点的位置，如图2-4所示。

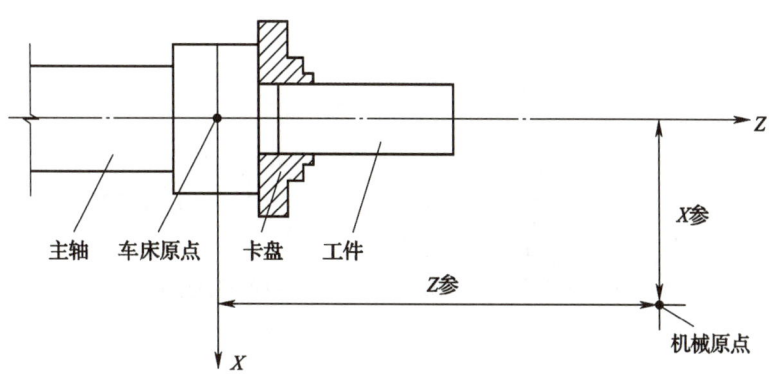

图 2-4　车床原点和机械原点

数控车床设置机械原点的目的如下：
(1) 需要时便于将刀架(刀具)自动返回该点；
(2) 若程序加工起点与机械原点一致,可自动返回程序加工起点；
(3) 若程序加工起点与机械原点不一致,可通过快速定位返回程序加工起点；
(4) 可作为进给位置反馈的测量基准点。

三、工件坐标系

车床坐标系的建立保证了刀具在车床上的准确运动。而实际加工中,刀具的运动轨迹往往是以加工工件为基准描述的,为方便编程和加工,还应在工件上建立工件坐标系,如图 2-5 所示。

工件坐标系原点是指工件装夹完成后,选择工件上的某一点作为编程或工件加工的基准点。工件坐标系原点在零件图中以符号"⊕"表示。

数控车床工件坐标系图中,X 方向一般选为工件的回转中心,而 Z 方向一般选为完工工件的右端面(O 点)或左端面(O' 点)。

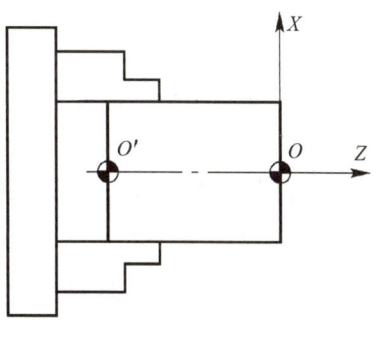

图 2-5　工件坐标系

四、刀位点与手动对刀

1. 刀位点

刀位点是指编制程序和加工时,用于表示刀具特征的点,也是对刀和加工的基准点。数控编程的实质即为描述刀具的刀位点在编程坐标系中运动的轨迹。

在不考虑刀尖微小圆弧的情况下,尖形车刀的刀位点是指刀具的刀尖；圆弧形车刀的刀位点是指圆弧刃的圆心；成形车刀的刀位点是指刀具的刀尖,如图 2-6 所示。

2. 手动对刀

手动对刀是为了建立工件坐标系及对刀架上安装的多把刀具进行刀具位置补偿,从而在程序执行中使各刀具的刀位点相对工件具有正确的运动轨迹。在数控车床的对刀操作中,目前普遍采用刀具几何偏移的方法进行对刀。

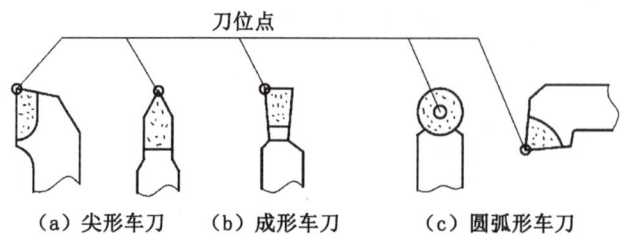

图 2-6 数控车刀的刀位点

五、对刀操作

对刀操作在整个加工过程中的作用非常重要,直接影响加工精度。若对刀错误,就有可能发生安全生产事故,直接危害车床和操作者的安全,因此操作人员要规范、正确、熟练掌握对刀操作。

对刀操作的步骤如下。

1. 准备工作

(1) 开机。

(2) 回参考点(回零)。

(3) 用三爪自定心卡盘安装工件(伸出约 100 mm),如图 2-7 所示。

(4) 用 MDI 方式换为 1 号刀位。

(5) 在 1 号刀位安装外圆/端面车刀。

(6) 手动进给,将刀具靠近工件端面处。

2. Z 轴方向对刀

Z 轴方向对刀方法如图 2-8 所示。

(1) 手摇操作,车削工件端面。

(2) 沿 X 轴正方向退刀(Z 轴不动)。

(3) 按下"OFFSET SETTING"键。

(4) 按下"形状"键。

(5) 输入"Z0"(以工件右端面为 Z 轴方向零点)。

(6) 按下"测量"键,完成 Z 轴方向的对刀。

3. X 轴方向对刀

X 轴方向对刀方法如图 2-9 所示。

(1) 手摇操作,车削工件外圆柱面。

(2) 沿 Z 轴正方向退刀(X 轴不动)。

(3) 按下"RESET"键,停止机床。

(4) 测量圆柱面直径尺寸(假设为 d)。

(5) 按下"OFFSET SETTING"键。

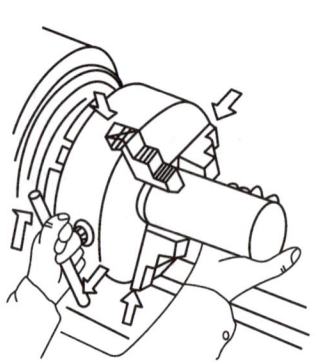

图 2-7 安装工件

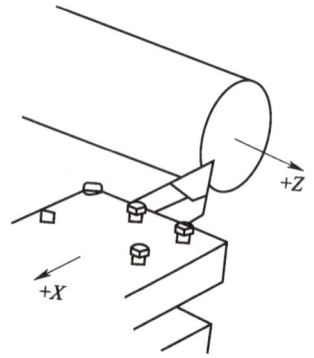

图 2-8 Z 轴方向对刀

(6) 按下"形状"键。

(7) 输入"Xd"(以工件轴线位置为 X 轴方向零点)。

(8) 按下"测量"键,完成 X 轴方向的对刀。

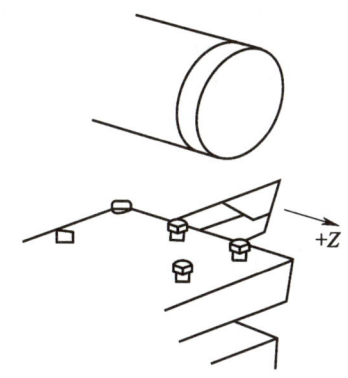

图 2-9　X 轴方向对刀

任务实施

一、工件制作

按表 2-3 中的步骤手动切削加工工件。

表 2-3　手动切削加工工件的操作步骤

操作步骤	图示
确定刀具切削轨迹及各基点坐标,由于总切削量较大,所以分两层手动切削,其轨迹分别为 ABCDA 和 AEFDA	A(52.0, 2.0) B(48.0, 2.0) C(48.0, −30.0) D(52.0, −30.0) E(46.0, 2.0) F(46.0, −30.0)
按下手摇键,进入手轮方式;按下主轴正转键,主轴正转	手摇键　　主轴正转键
按下 POS 键,显示位置屏幕;按下屏幕下方的"总合"键,显示相应位置屏幕	POS 键

(续表)

操作步骤	图示
按下手轮进给倍率键"×100"键,根据刀具当前位置和屏幕上显示的绝对坐标系值,摇动手轮,移动刀具到坐标点 A 处(当靠近该点时,应选择较小的增量步长),使屏幕中显示的绝对坐标值为 X52.0,Z2.0(X 坐标为直径值)	 0.0100 手轮进给倍率键 　　手轮
拨手轮进给轴选择开关,选择手摇进给轴"X"轴,仅在 X 轴负方向移动刀具至绝对坐标为 X48.0 处(B 点)	 手轮进给轴选择开关 　　手轮
按下手轮进给倍率键"×10"键;拨手轮进给轴选择开关,选择手摇进给轴"Z"轴,在 Z 轴负方向移动刀具至 C 点(48.0,−30.0);拨手轮进给轴选择开关,选择手摇进给轴"X"轴,在+X 轴正方向移动刀具至 D 点(52.0,−30.0);拨手轮进给轴选择开关,选择手摇进给轴"Z"轴,将刀具沿 Z 轴正方向移动至 A 点(52.0,2.0)	 0.010 手轮进给倍率键 　　手轮进给轴选择开关 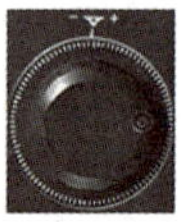　　手轮

用与表 2-3 相同的方法,完成 $\phi46$ mm 外圆的切削,完成后退出刀具。

二、工件的检测及评分

工件的实测值及评分,见表 2-4。

表 2-4　评分表

项目	加工过程	实测值	评分标准	得分
外表面	$\phi46$ mm 外圆尺寸合格		10	
	表面粗糙度合格		10	
程序与工艺	程序格式规范	—	10	
	程序正确、完整	—	15	
	工艺合理	—	5	
车床操作	车床面板操作正确	—	10	
	手动操作正确	—	10	
文明生产	突发事件处理合理	—	10	
	安全操作	—	10	
	车床整理及日常维护	—	10	

知识拓展

数控车床的对刀

一、机外对刀仪对刀

机外对刀的本质是测量刀具假想刀尖点到刀具台基准之间 X 轴及 Z 轴的距离。利用机外对刀仪可将刀具预先在车床外校对好,以便装上车床后输入相应刀具补偿号即可使用。

二、自动对刀

自动对刀是通过刀尖检测系统实现的,刀尖以设定的速度向接触式传感器接近,当刀尖与传感器接触时发出信号,数控系统立即记下该瞬间的坐标值,并自动修正刀具补偿值。

三、试切法对刀

使用试切法完成数控车床对刀操作,操作原理如图 2-10、图 2-11 所示。

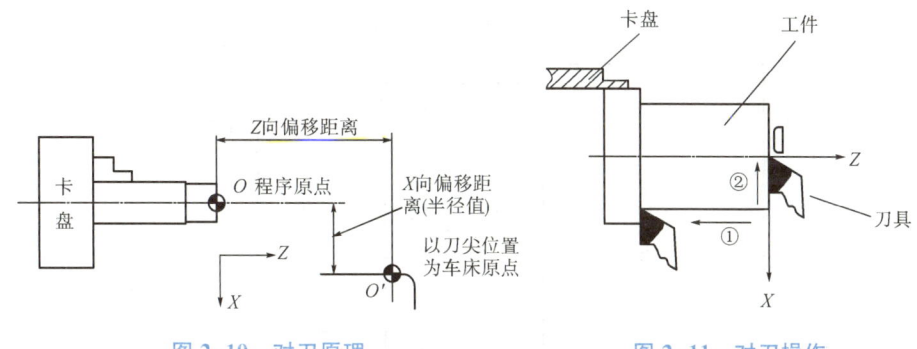

图 2-10 对刀原理　　　　图 2-11 对刀操作

数控车床启动后,先回零操作;选择 MDI 工作方法,设定主轴转速及转向。如:"M03S600;",注意程序名之间一定要加分号也就是 EOB 按键;主轴转动后,再选择手摇工作方式,把刀架移动至工件附近。

1. Z 轴的设定

(1) 设定工件坐标系的坐标原点位于工件的右端面的回转轴心处,先车削端面,端面车削完后保持 Z 轴方向的坐标不动,沿 Z 轴正方向退出。

(2) 按功能键 OFFSET SETTING 和软键"补正",显示刀具补正画面。找到补正里面的"形状"菜单中刀编号相对应的刀补号。

(3) 直接输入 Z0 再按测量按键。

2. X 轴的设定

(1) 在手摇工作方式下,车削工件外圆。车削完后沿 Z 轴方向退出,保持 X 轴坐标不动。

(2) Z 轴方向退出后,停下主轴,用游标卡尺测量工件外圆尺寸。

(3) 按功能键 OFFSET SETTING 和软键"补正"显示刀具补正画面。找到补正里面的"形状"菜单中刀编号相对应的刀补号。

（4）输入 X（测量值），再按测量按键。

上述操作就完成了以右端面为例的车刀 Z 轴和 X 轴方向对刀操作。

任务 2.2
认识 FANUC 0i 数控仿真系统

简单光轴编程与加工

◆ 任务描述

通过观看视频学习简单光轴编程与加工。如图 2-12 所示的光轴由倒角、台阶及外轮廓构成，毛坯为 $\phi50 \text{ mm} \times 100 \text{ mm}$。请在 FANUC 0i 数控车床仿真系统上完成该零件的加工。

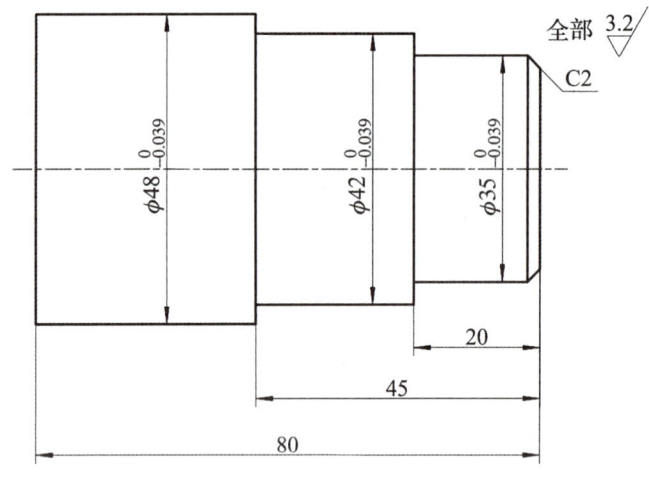

图 2-12 光轴零件

◆ 任务目标

知识目标

（1）了解仿真软件的界面、功能、验证程序的过程；

（2）掌握工件、刀具设置，程序输入编辑及对刀与自动加工方法。

能力目标

（1）能够通过各种途径（如 DNC、网络等）输入加工程序；

（2）能够通过操作面板编辑加工程序；

（3）熟练使用编程指令完成外圆及端面的编程及操作；

(4) 能够对程序进行校验、单步执行、空运行并完成零件试切；
(5) 熟练使用数控车床完成简单光轴加工。

素质目标
(1) 培养学生的沟通能力及团队协作精神；
(2) 培养学生精益求精的工作作风。

相关知识

一、数控仿真系统的启动

点击"开始"按钮，在"程序"目录中点击"数控加工仿真系统"，在下级子目录中点击"加密锁管理程序"，如图 2-13 所示。加密锁程序启动后，屏幕右下方工具栏中出现"  "图标，表示加密锁管理程序启动成功。此时重复上面的步骤，在最后弹出的目录中点击"数控加工仿真系统"，系统弹出"用户登录"界面，如图 2-14 所示。

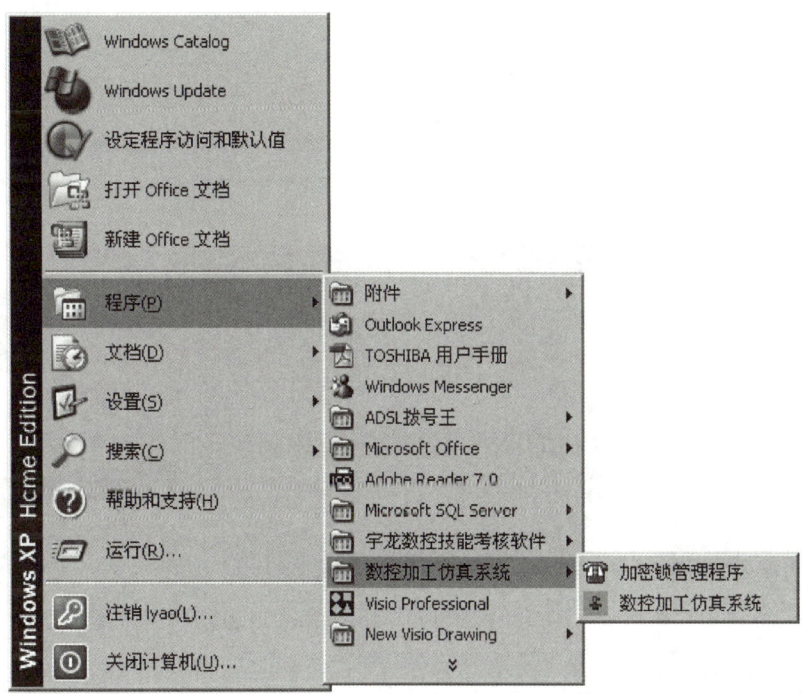

图 2-13 启动数控加工仿真系统

进入数控加工仿真系统有以下两种方法。
(1) 点击"快速登录"按钮，直接进入。
(2) 输入用户名和密码，再点击"登录"按钮。
管理员用户名：manage；口令：system。
一般用户名：guest；口令：guest。

图 2-14 数控加工仿真系统界面

二、机床、工件和刀具操作

1. 选择机床类型

打开"机床"标签中的"选择机床"对话框,选择控制系统类型和相应的机床并按"确定"按钮,此时界面如图 2-15 所示。

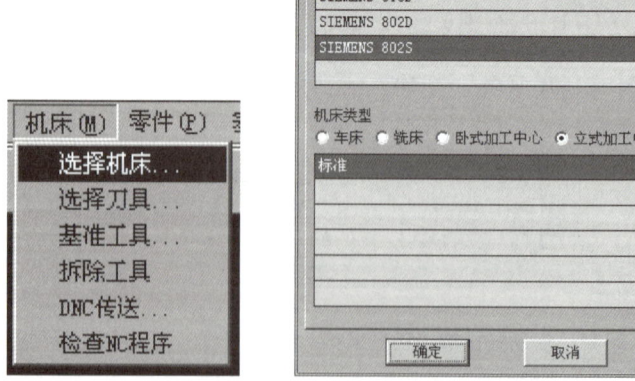

图 2-15 "选择机床"界面

2. 确定工件

1) 定义毛坯

打开"零件"标签中的"定义毛坯"对话框或在工具条上选择" ",如图 2-16(a)所示。

项目 2　简单光轴零件编程与仿真

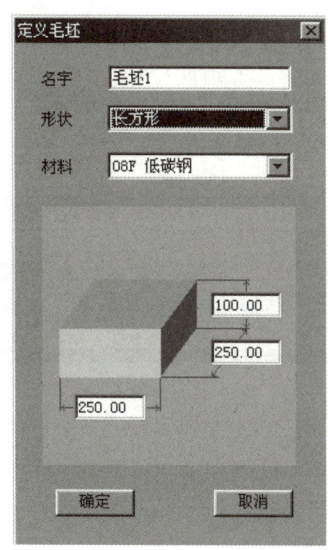 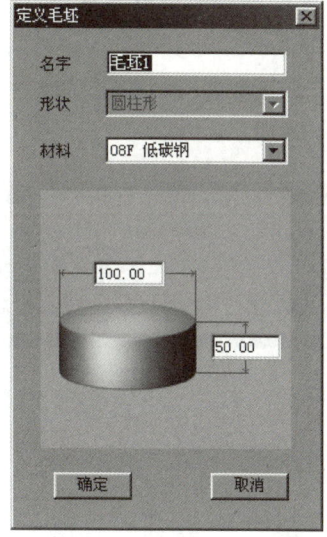

（a）长方形毛坯　　　　　　（b）圆形毛坯

图 2-16　定义毛坯

（1）名字输入：在毛坯名字输入框内输入毛坯名，也可使用缺省值。

（2）选择毛坯形状：铣床、加工中心有长方形毛坯和圆柱形毛坯两种形状供选择，可以在"形状"下拉列表中选择毛坯形状，如图 2-16(b) 所示。

（3）选择毛坯材料：毛坯材料列表框中提供了多种供加工的毛坯材料，可根据需要在"材料"下拉列表中选择毛坯材料。

（4）参数输入：尺寸输入框用于输入尺寸，单位为 mm。

（5）保存退出：点击"确定"按钮，保存定义的毛坯并且退出本操作。

（6）取消退出：点击"取消"按钮，退出本操作。

2）导出零件模型

导出零件模型的功能是把经过部分加工的零件作为成型毛坯予以单独保存。如图 2-17 所示，此毛坯已经过部分加工，称为零件模型，可通过导出零件模型功能保存。

打开"文件"标签中的"导出零件模型"菜单，系统弹出"另存为"对话框，在对话框中输入文件名，点击"保存"按钮，此零件模型即被保存，可在以后需要时被调用。文件的后缀名为"PRT"，不得更改后缀名。

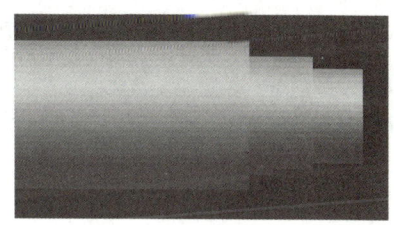

图 2-17　零件模型

3）导入零件模型

机床在加工零件时，除了可以使用原始定义的毛坯，还可以对经过部分加工的毛坯进行再加工，这个毛坯被称为零件模型，可以通过导入零件模型的功能调用相应零件模型。

打开"文件"标签中的"导入零件模型"菜单，若已通过导出零件模型功能保存过成型毛坯，则系统将弹出"打开"对话框，在此对话框中选择并且打开所需的后缀名为"PRT"的零件文件,则选中的零件模型被放置在工作台面上。

4) 放置零件

打开"零件"标签中的"放置零件"命令或者在工具条上选择图标" ",系统弹出操作对话框,如图 2-18 所示。

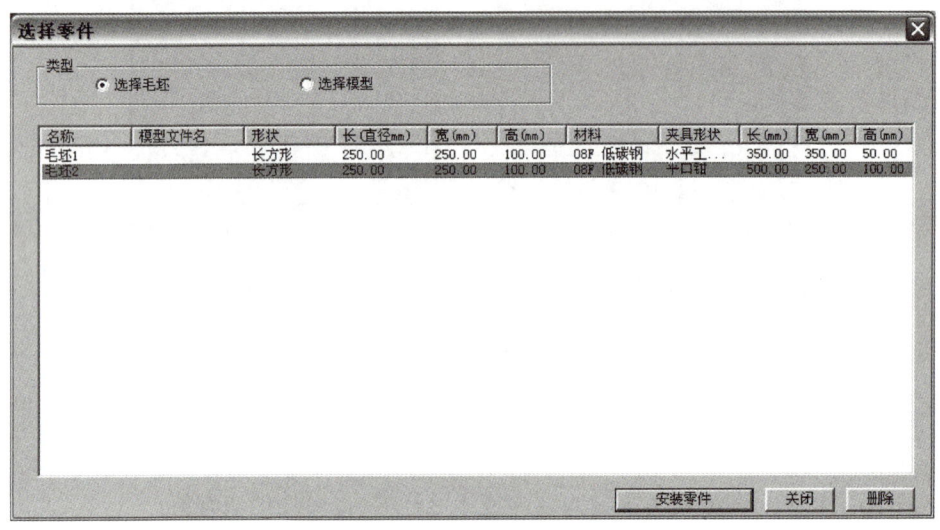

图 2-18 "选择零件"对话框

在列表中点击所需的零件,选中的零件信息加亮显示,点击"安装零件"按钮,系统自动关闭对话框,零件和夹具(如果已经选择了夹具)将被放到机床上。对于卧式加工中心还可以在上述对话框中选择是否使用角尺板。如果选择了使用角尺板,那么在放置零件时,角尺板会同时出现在机床台面上。

如果进行过"导入零件模型"的操作,那么对话框的零件列表中会显示模型文件名,若在类型列表中选择"选择模型",则可以选择导入零件模型文件,如图 2-19 所示。选择的零件模型即经过部分加工的成型毛坯被放置在机床台面上或卡盘上,如图 2-20 所示。

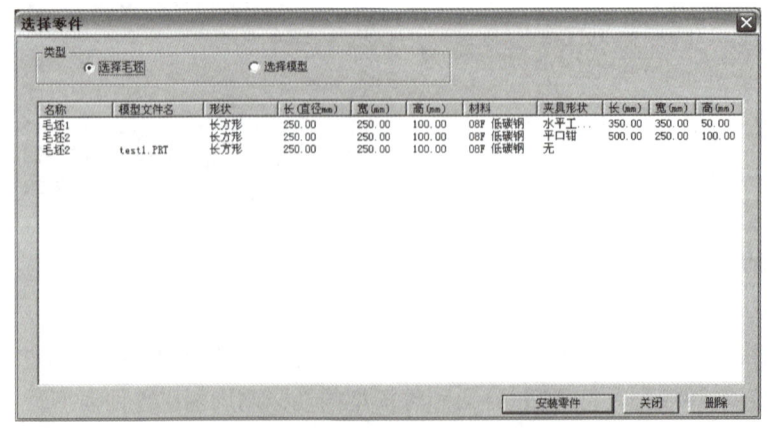

图 2-19 "导入零件模型"对话框

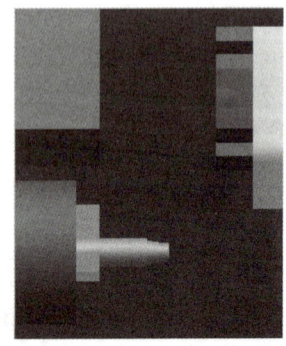

图 2-20 放置成型毛坯

5) 调整零件位置

毛坯放上工作台后,系统将自动弹出一个小键盘,如图 2-21 所示,通过点击小键盘上的方向按钮,实现零件的平移、旋转及车床零件调头。小键盘上的"退出"按钮用于关闭小键盘。选择"零件"标签中的"移动零件"选项也可以打开小键盘。但在执行其他操作前要关闭小键盘。

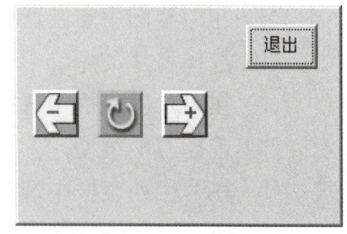

图 2-21 小键盘

3. 选择刀具

选择"机床"标签中的"选择刀具"选项或在工具条中选择"", 系统弹出刀具选择对话框,如图 2-22 所示。系统中数控车床允许同时安装 8 把刀具(后置刀架)[图 2-22(a)]或 4 把刀具(前置刀架)[图 2-22(b)]。选择并安装车刀。

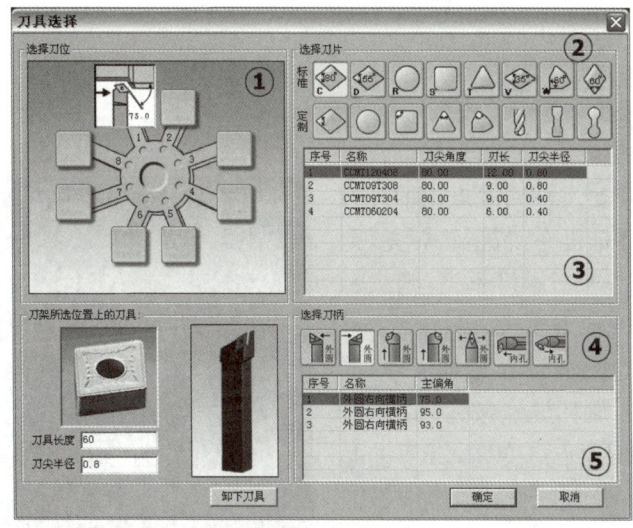

(a) 后置刀架

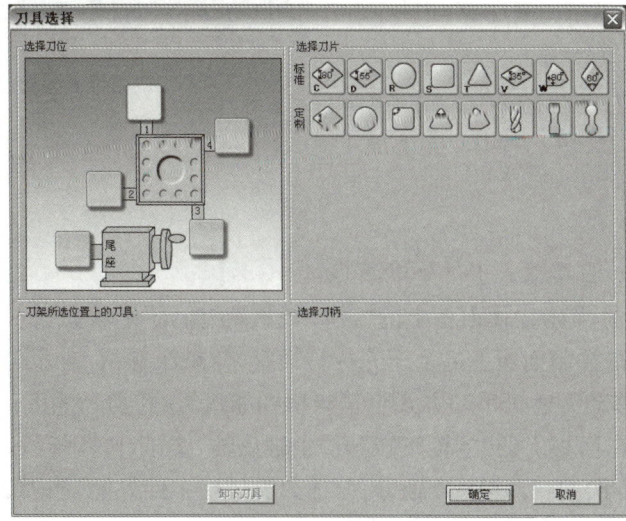

(b) 前置刀架

图 2-22 刀具选择对话框

(1) 在刀架图中点击所需的刀位。该刀位对应程序中的 T01～T08(T04)。

(2) 选择刀片类型。

(3) 在刀片列表框中选择刀片。

(4) 选择刀柄类型。

(5) 在刀柄列表框中选择刀柄。

(6) 变更刀具长度和刀尖半径:"选择车刀"完成后,该界面的左下部位显示出刀架所选位置上的刀具。其中显示的"刀具长度"和"刀尖半径"均可以由操作者修改。

(7) 拆除刀具:在刀架图中点击要拆除刀具的刀位,点击"卸下刀具"按钮。

(8) 确认操作完成:点击"确认"按钮。

三、FANUC 0i 数控车床仿真系统面板操作

1. 激活车床

点击电源开按钮。检查急停按钮是否松开,若未松开,点击急停按钮将其松开。

2. 车床回参考点

检查操作面板上 X 轴回原点指示灯与 Z 轴回原点指示灯是否亮,若指示灯亮,则已进入回原点模式;若指示灯不亮,则点击回原点按钮,进入回原点模式。

在回原点模式中,先将 X 轴回原点,点击操作面板上的 X 轴回原点按钮,此时 X 轴将回原点,X 轴回原点灯变亮,CRT 上的 X 坐标变为"600.00"。同样,再点击 Z 轴回原点按钮,Z 轴将回原点,Z 轴回原点灯变亮。此时 CRT 界面如图 2-23 所示。

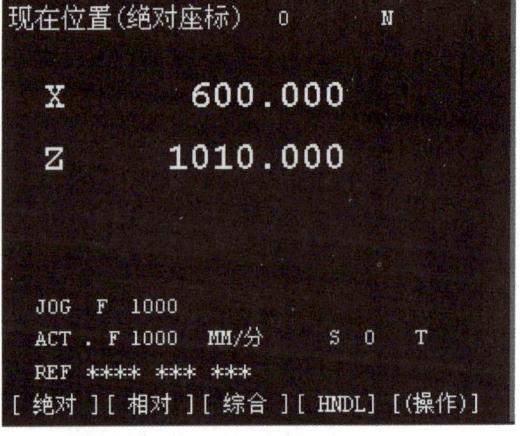

图 2-23 CRT 界面

3. 对刀

在仿真系统中进行的对刀方法有试切、输入刀具偏移量、手动操作、自动加工 4 种,具体说明如下。

1) 试切

测量工件原点,直接输入工件坐标系 G54～G59。

(1) 切削外径。点击操作面板上的"JOG 模式"按钮,手动状态指示灯变亮,机床进入手动操作模式,点击控制面板上的上下光标移动键,使车床在 X 轴方向移动;同样方法使车床在 Z 轴方向移动。通过手动方式将车床移到如图 2-24 所示的大致位置。

首先,点击操作面板上的"主轴正转"或"主轴反转"按钮,使其指示灯变亮,主轴转动;然后点击 Z 轴负方向按钮,移动 Z 轴,用所选刀具试切工件外圆,如图 2-25 所示;最后点击 Z 轴正方向按钮,X 方向保持不动,刀具退出。

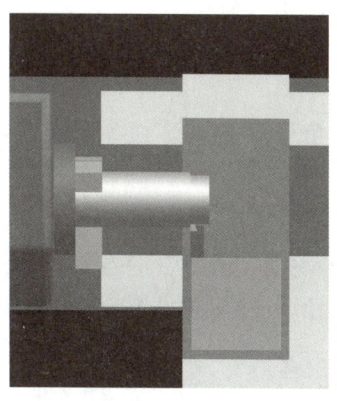

图 2-24 移动位置

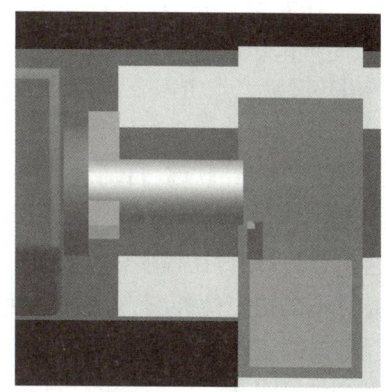

图 2-25 试切工件外圆

(2) 测量切削位置的直径。点击操作面板上的"主轴停止"按钮,使主轴停止转动,点击菜单"测量"标签中的"坐标测量"选项,如图 2-26 所示,点击试切外圆时所切线段,选中的线段由红色变为黄色。记录对话框中对应的 X 的值。

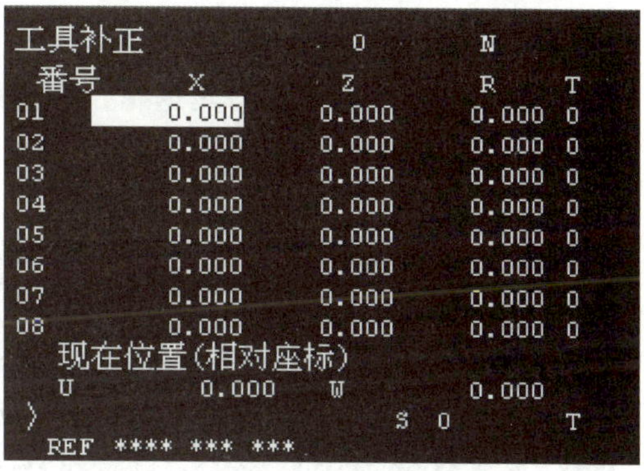

① 点击控制箱键盘上的"偏移设置"键。

② 把光标定位在需要设定的坐标系上,转至 X 处。

③ 输入直径值 a。

图 2-26 坐标测量菜单

④ 点击菜单中的测量软键,可以进入这个菜单。

(3) 切削端面。点击操作面板上的"主轴正转"或"主轴反转"按钮,使其指示灯变亮,主轴转动。将刀具移至如图 2-27 的位置,点击控制面板上的 X 轴负方向按钮,切削工件端面,如图 2-28 所示。点击 X 轴正方向按钮,Z 轴方向保持不动,刀具退出。

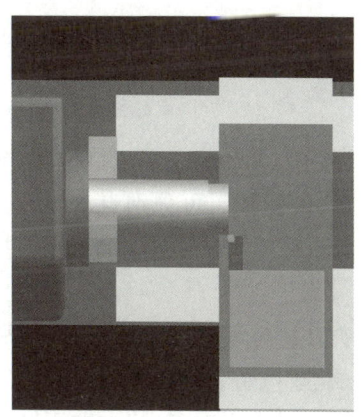

图 2-27 刀具移动

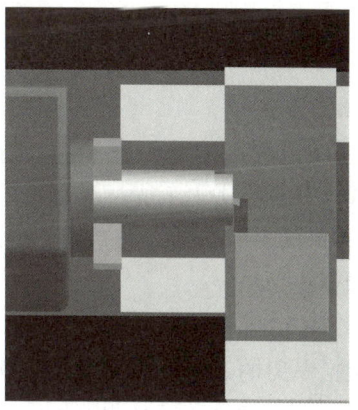

图 2-28 切削端面

① 点击操作面板上的"主轴停止"按钮,使主轴停止转动。

② 把光标定位在需要设定的坐标系上。

③ 在MDI键盘上点击需要设定的轴("Z"键)。

④ 输入工件坐标系原点的距离(注意距离有正负号)。

⑤ 点击菜单"测量"软键,自动计算出坐标值并填入。

2) 输入刀具偏移量

使用这个方法对刀,在程序中直接使用车床坐标系原点作为工件坐标系原点。

用所选刀具试切工件外圆,点击"主轴停止"按钮,使主轴停止转动,点击菜单"测量/坐标测量",得到试切后的工件直径,记为 α。

保持X轴方向不动,刀具退出。点击MDI键盘上的偏移设置键,进入形状补偿参数设定界面,将光标移到相应的位置,输入 $X\alpha$,点击菜单"测量"软键输入(图2-29)。

试切工件端面,读出端面在工件坐标系中Z轴的坐标值,记为 β(此处以工件端面中心点为工件坐标系原点,则 β 为0)。

保持Z轴方向不动,刀具退出。进入形状补偿参数设定界面,将光标移到相应的位置,输入 $Z\beta$,点击"测量"软键输入(图2-30)。

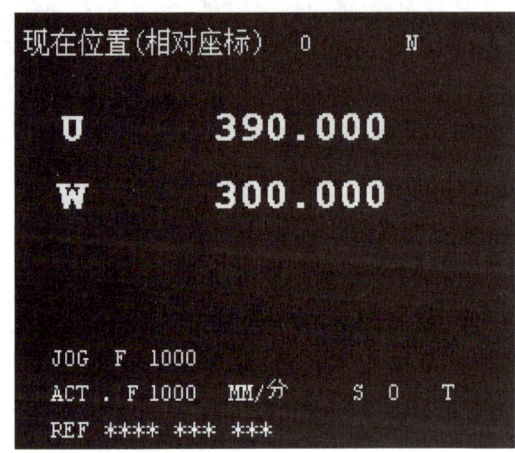

图2-29 试切外圆

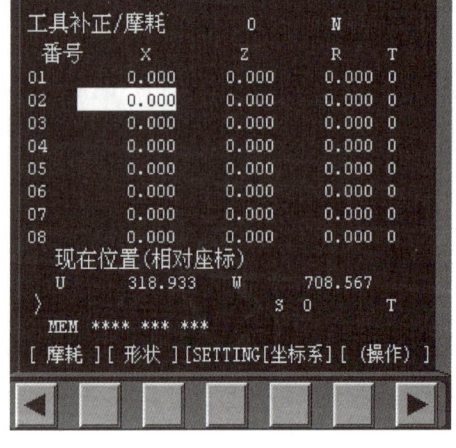

图2-30 试切端面

3) 手动操作

(1) 手动方式。点击操作面板上的"JOG模式"按钮,手动状态指示灯变亮,车床进入手动模式。分别点击上下光标移动键,移动车床的X坐标轴。再分别点击左右光标移动键,移动车床的Y坐标轴。最后点击"主轴正转""主轴反转"和"主轴停止"按钮控制主轴的转动和停止。

注:刀具切削零件时,主轴需转动。加工过程中刀具与零件发生非正常碰撞后(非正常碰撞包括车刀的刀柄与零件发生碰撞;铣刀与夹具发生碰撞等),系统会弹出警告对话框,同时主轴自动停止转动,调整到适当位置,继续加工时需再次点击"主轴正转""主轴反转"按钮,使主轴重新转动。

(2)手轮方式。用手动方式或在对刀需精确调节机床时,可用手轮方式调节机床。点击操作面板上的"手轮模式"按钮,指示灯变亮。使用"X 轴方向"按钮或"Z 轴方向"按钮来选择手轮的移动轴向。最后使用手轮进给倍率按钮选择手轮的进给倍率。点击鼠标对准手轮左键或右键,精确控制车床的移动。点击"主轴正转""主轴反转"和"主轴停止"按钮控制主轴的转动和停止。

4)自动加工

(1)连续方式。检查车床是否回零,若未回零,先将机床回零,再导入数控程序或自行编写一段程序。点击操作面板上的"自动模式"按钮,使其指示灯变亮。最后点击操作面板上的"循环启动"按钮,程序开始执行。

中断运行则需要进行以下步骤。

数控程序在运行过程中可根据需要暂停、急停和重新运行。数控程序在运行时,点击"循环保持"按钮,程序停止执行;再点击"循环启动"按钮,程序从暂停位置开始执行。数控程序在运行时,点击急停按钮,数控程序中断运行,继续运行时,先将急停按钮松开,再点击"循环启动"按钮,余下的数控程序从中断行开始作为一个独立的程序执行。

(2)单段方式。检查机床是否机床回零,若未回零,先将机床回零。再导入数控程序或自行编写程序。点击操作面板上的"自动模式"按钮,使其指示灯变亮。再点击操作面板上的"单段"按钮。最后点击操作面板上的"循环启动"按钮,程序开始执行。

注:单段方式每执行一行程序均需点击一次"循环启动"按钮。点击"跳段"按钮,则程序运行时该行成为注释行,不执行;可以通过进给倍率旋钮来调节主轴的进给倍率;点击"重置"键可将程序重置。

通过上述两种方式导入程序后,可检查运行轨迹。

点击操作面板上的自动运行按钮,使其指示灯变亮,转入自动加工模式,点击 MDI 键盘上的程序键,点击数字/字母键,输入"Ox"(x 为所需要检查运行轨迹的数控程序号),点击下光标移动键开始搜索,程序被找到后显示在 CRT 界面上。点击"自定义图形"按钮,进入检查运行轨迹模式,点击操作面板上的循环启动按钮,即可观察数控程序的运行轨迹,此时也可通过"视图"菜单中的动态旋转、动态放缩、动态平移等方式对三维运行轨迹进行全方位的动态观察。

**任务实施**

直线光轴的加工

完成如图 2-12 所示的零件的加工,具体操作步骤如下。

一、软件的启动

1. 启动加密锁

"开始"→"程序"→"数控加工仿真系统"→"加密锁管理程序"。屏幕右下方出现 图标,加密锁启动成功。

2．启动应用程序

"开始"→"程序"→"数控加工仿真系统"→弹出"用户登录"界面。登录后即可进入数控仿真系统。

3．进入数控车床界面

点击菜单"机床/选择机床"或点击"选择机床"的 ![] 图标→弹出对话框→对话框选择如图所示→点击"确定"按钮→显示车床操作面板。

4．激活车床

点击电源开按钮并松开急停按钮。

5．回参考点

点击操作面板上的 X 轴回原点按钮与 Z 轴回原点按钮。

二、设置并安装工件

1．选择材料和尺寸

点击"零件"标签中的"定义毛坯"选项或点击"![]"图标,在弹出的对话框中选择材料和尺寸,点击"确定"完成毛坯定义。

2．放置零件

点击"零件"标签中的"放置零件"选项或点击"![]"图标,在弹出的对话框中选择毛坯后,移动零件到适当位置。

三、选择刀具

点击"零件"标签中的"定义毛坯"选项或点击"零件![]"图标,系统弹出刀具选择对话框。

1．选择车刀

(1) 在刀架图中点击所需的刀位;

(2) 在刀片列表框中选择刀片类型;

(3) 在列表框中选择刀柄类型。

2．变更刀具长度和刀尖半径

车刀选择完毕后,界面的左下角显示所选刀具。"刀具长度"和"刀尖半径"均可由操作者修改。

3．拆除刀具

选择要拆除刀具的刀位后点击"卸下刀具"。

4．确定刀具

点击"确定",完成车刀选择、安装或拆除操作。

四、输入程序并编辑

(1) 点击"编辑"键。

(2) 点击"程序"键,进入程序界面。

(3) 输入程序名。

(4) 点击"插入"键。

(5) 用鼠标或键盘输入程序内容,见表 2-5。

表 2-5　零件加工参考程序

程序号: 011		
程序段号	程序内容	说明
N10	T0101;	90°偏刀 T01 刀位
N20	G99M03S1000;	主轴正转,转速 1 000 r/min
N30	M08;	打开切削液
N40	G00X26.98Z2;	快速定位
N50	G01X34.98Z-2F0.1;	精车倒角
N70	Z-20;	精车 ϕ42 mm 端面
N80	X41.98;	精车 ϕ42 mm 外圆
N90	Z-45;	精车 ϕ48 mm 端面
N100	X47.98;	精车 ϕ48 mm 外圆
N110	Z-80;	关闭切削液
N120	M09;	快速退刀,回换刀点
N130	G00X200Z100;	程序结束
	M30;	

五、对刀与自动加工

试切对刀与自动加工的具体步骤参考本任务的相关知识内容。

六、测量工件

点击"测量"标签中的"剖面图测量"选项,如图 2-31 所示,零件的几何参数均显示在下半部,点击线段,选中的线段由红色变为黄色,同时其几何参数高亮显示,方便读出相应数据。

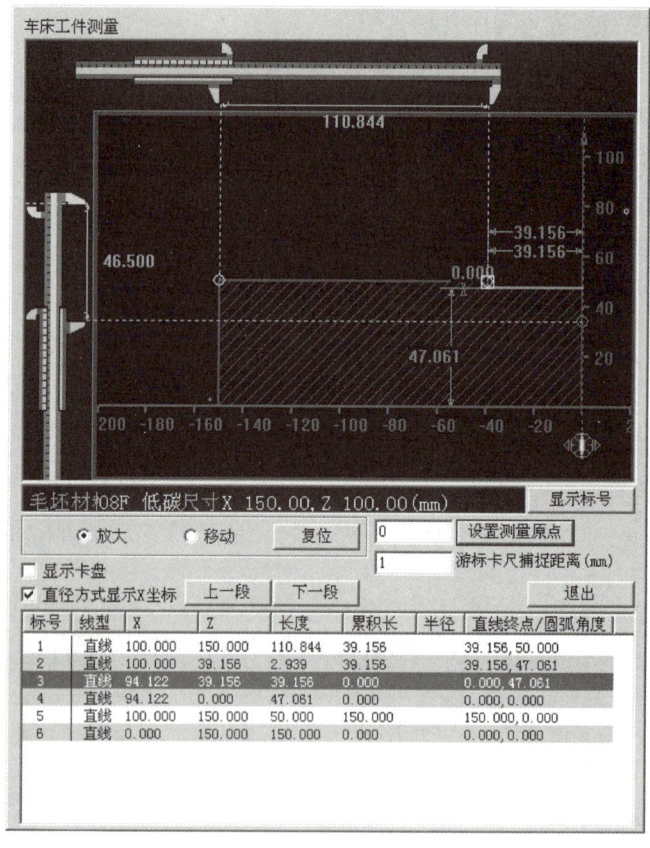

图 2-31 工件测量

知识拓展

FANUC 数控车床系统编程基本规则

一、米制、英制编程

FANUC 数控车床系统采用 G21/G20 来进行米、英制的切换。其中，G21 表示米制，G20 表示英制。

二、小数点编程

数控编程时，数字单位以米制为例分为两种：一种是以毫米为单位，另一种是以脉冲当量即车床的最小输入单位为单位。现在大多数车床常用的脉冲量为 0.001 mm。对于数字的输入，有些系统可省略小数点，有些系统则可通过系统参数来设定是否可以省略小数点，大部分系统小数点不可省略。对于不可省略小数点编程的系统，当使用小数点进行编程时，数字以"mm"（英制时长度单位为 in），角度以"°"为输入单位，而当不用小数点进行编程时，则以车床的最小输入单位作为输入单位。在应用小数点编程时，数字后边可以写".0"，如"X60.0"，也可以直接写"."，如"X60."。

三、编程方式

1. 直径编程

采用直径编程时,数控程序中的 X 轴的坐标值即为零件图上的直径值。如图 2-33(a)所示,A 点和 B 点的坐标分别为 $A(30.0,80.0)$、$B(40.0,60.0)$。

2. 半径编程

采用半径编程,数控程序中的 X 轴的坐标值为零件图上的半径值。如图 2-33(b)所示,A 点和 B 点的坐标分别为 $A(15.0,80.0)$、$B(20.0,60.0)$。

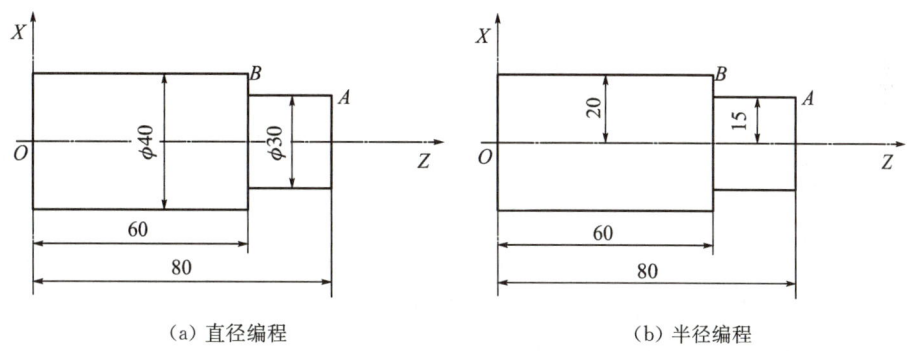

(a) 直径编程　　　　　　　　　(b) 半径编程

图 2-33　编程方式

四、轴移动的指令方法

确定轴移动的指令方法有绝对指令和增量指令两种。绝对指令是对各轴移动到终点的坐标值进行编程的方法;增量指令是用各轴的移动量直接编程的方法,称为增量编程法。

在 FANUC 数控车床系统及部分国产系统中,直接以地址符 X、Z 组成的坐标功能字表示绝对坐标,而用地址符 U、W 组成的坐标功能字表示增量坐标。绝对坐标地址符 X、Z 后数值表示工件原点至该点间的矢量值,增量坐标地址 U、W 后的数值表示轮廓上前一点该点的矢量值。

项目 3

简单回转体零件编程与仿真

项目简介

本项目主要介绍圆柱、圆锥轴类零件的编程及仿真加工,涉及的主要知识点:工序、工步的概念;工序工步划分原则;零件加工工艺分析的方法;工艺文件的含义;工艺方案制定的方法;工序图的画法;G70 指令格式及 G70 循环指令使用。

任务 3.1 简单圆柱轴编程与仿真

任务描述

简单圆柱轴编程与加工

通过扫描二维码观看微课视频,学习简单圆柱轴零件的加工工艺。如图 3-1 所示(简单圆柱轴),工件毛坯尺寸为 $\phi 42\,\mathrm{mm} \times 70\,\mathrm{mm}$,材料为 $45^{\#}$ 钢,试编写其数控加工程序并进行仿真加工。

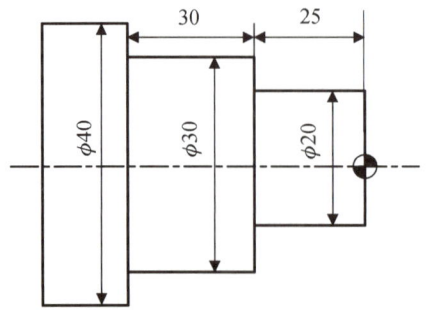

图 3-1 简单圆柱轴类零件

本任务的编程较为简单,只需要掌握数控编程规则、常用指令(如 G00、G01)的格式等理论知识即可完成编程。

任务目标

知识目标

(1) 了解数控车床加工工艺;
(2) 掌握数控编程的常用指令;
(3) 掌握编程规则及步骤。

能力目标

(1) 能应用常用的指令 G00、G01 及 M、F、S、T 编程;
(2) 掌握车削外圆、车削台阶的编程方法。

素质目标

(1) 培养学习能力;
(2) 培养沟通能力及团队协作精神;
(3) 培养质量意识、安全意识和环境保护意识。

相关知识

一、制定工艺方案

分析零件图样确定零件加工方法和加工路线,选定加工刀具和切削用量等工艺参数。

1. 进给路线的确定

进给路线是指刀具从对刀点(或机床参考点)开始运动,直至返回该点并结束加工程序所经过的路径,包括切削加工的路径及刀具引入、切出等非切削空行程。

车削外圆进给路线可根据进刀方法不同分为两类,如图 3-2(a)、图 3-2(b)所示。

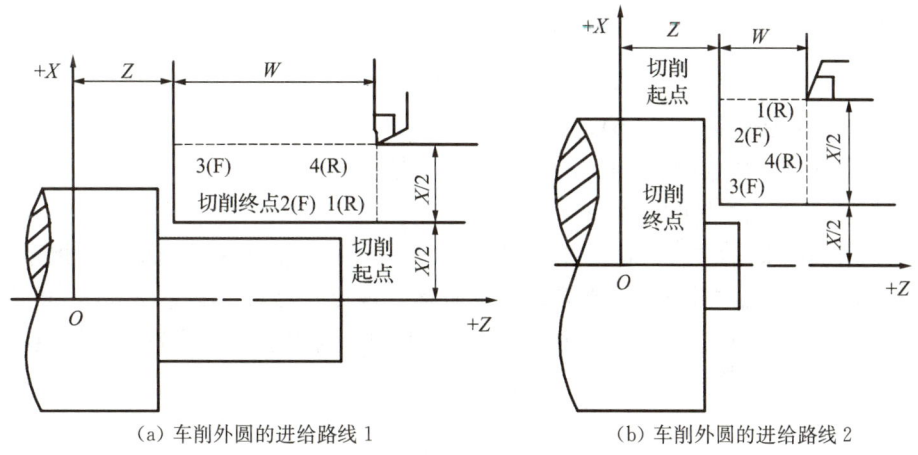

(a) 车削外圆的进给路线 1　　　　　(b) 车削外圆的进给路线 2

图 3-2　车削外圆进给路线

2. 外圆车刀选择原则

外圆车刀如图 3-3 所示。选择外圆车刀的原则如下：当数控车床进行粗加工时，要求刀具强度高，耐用度高，以满足粗加工吃刀量大、进给速度高的要求。当数控车床进行精加工时，要选用精度高、锋利、耐用度高的刀具，以保证加工精度。

图 3-3 外圆车刀

为方便对刀和减少刀具安装时间，尽量使用机夹刀，刀片材料最好选用涂层硬质合金刀片。

3. 切削用量的确定

数控车床加工中切削用量的确定要考虑如下参数：背吃刀量、主轴转速或切削速度（用于恒线速度切削）、进给速度或进给量。

1) 背吃刀量

背吃刀量是根据余量确定的。在工艺系统和车床功率允许的条件下，尽可能选取较大的背吃刀量，以减少进给次数。一般当毛坯直径余量小于 6 mm 时，根据加工精度考虑是否留出半精车余量和精车余量，剩下的余量可一次切除。当零件的精度要求较高时，应留出一定的半精车、精车余量，半精车余量一般为 0.5 mm 左右，精车余量一般比普通车削时所留余量少，常取 0.1~0.5 mm。

2) 主轴转速的确定

(1) 加工光轴时的主轴转速。切削速度确定之后，可以用下式计算主轴转速：

$$n = \frac{1\,000 v_c}{\pi d}$$

式中　v_c——切削速度(m/min)；
　　　d——切削刃定点处所对应的工件的回转直径(mm)；
　　　n——工件或刀具的转速(r/min)。

(2) 车削螺纹时的主轴转速。在车削螺纹时，车床的主轴转速受到螺纹的螺距(或导程)大小、驱动电动机的升降频特性及螺纹插补运算速度等多种因素影响，故不同的数控系统应选择不同的主轴转速选择范围。如大多数卧式车床数控系统推荐车削螺纹时的主轴转速如下：

$$n \leqslant \left(\frac{1\,200}{P}\right) - k$$

式中 P ——工件螺纹的导程(mm);

k ——保险系数,一般取 80;

n ——主轴转速(r/min)。

主轴转速一般根据被加工部位直径,以及工件、刀具的材料和加工性质等条件所允许的切削速度来确定,可通过查表、计算及参考实际经验选取。对一般钢料来说粗车外圆时的主轴转速应在 1 000 r/min 以下,精车外圆时应在 1 000 r/min 以上;车削螺纹时主轴转速将受螺纹螺距(导程)的影响,即主轴每转一转,刀具移动一个螺距(导程),因此转速一般 800 r/min 以下。

3)进给速度的确定

进给速度是指在单位时间内,刀具沿进给方向移动的距离。

(1)确定进给速度的原则。当工件的质量要求能够得到保证时,为提高生产率,可选择较高的进给速度(2 000 mm/min 以下)。切断、车削深孔或精车时,可选择较低的进给速度。刀具空行程,特别是远距离回零时,可以设定尽可能高的进给速度。进给速度应与主轴转速和背吃刀量相适应。

(2)进给速度的计算。进给速度包括纵向进给速度和横向进给速度,其值按下式计算:

$$v = nf$$

式中 v ——进给速度(mm/min);

f ——进给量(mm/r);

n ——工件或刀具的转速(r/min)。

进给量在粗车时一般取 0.3~0.8 mm/r,精车时取 0.1~0.3 mm/r,切断时取 0.05~0.2 mm/r。

进给量单位有两种,即 mm/min 和 mm/r。一般粗加工外圆时可选择 F0.3~0.8(mm/r),精加工时可选择 F0.1~0.3(mm/r),切断时可选择 F0.05~0.2(mm/r)。

数控车削的切削用量可参照表 3-1 选取。

表 3-1 数控车床切削用量推荐表

工件材料	加工方式	背吃刀量(mm)	切削速度	进给量(mm/r)	刀具材料
碳素钢 (σ_b>600 MPa)	粗加工	5~7	60~80 mm/min	0.2~0.4	YT 类
		2~3	80~120 mm/min	0.2~0.4	
	精加工	0.2~0.3	120~150 mm/min	0.1~0.2	
	车螺纹	—	70~100 mm/min	导程	
	钻中心孔	—	500~800 r/min	—	W18Cr4V
	钻孔	—	30~50 mm/min	0.1~0.2	
	切断(宽度<5 mm)	—	70~110 mm/min	0.1~0.2	YT 类

（续表）

工件材料	加工方式	背吃刀量(mm)	切削速度	进给量(mm/r)	刀具材料
合金钢 (σ_b=1 470 MPa)	粗加工	2～3	50～80 mm/min	0.2～0.4	YT类
	精加工	0.1～0.15	60～100 mm/min	0.1～0.2	
	切断 (宽度<5 mm)	—	40～70 mm/min	0.1～0.2	
铸铁 (200 HBS 以下)	粗加工	2～3	50～70 mm/min	0.2～0.4	
	精加工	0.1～0.15	70～100 mm/min	—	
	切断 (宽度<5 mm)	—	50～70 mm/min	—	
铝	粗加工	2～3	600～1 000 mm/min	0.2～0.4	
	精加工	0.2～0.3	800～1 200 mm/min	0.1～0.2	
	切断 (宽度<5 mm)	—	600～1 000 mm/min	0.1～0.2	
黄铜	粗加工	2～4	400～500 mm/min	0.2～0.4	
	精加工	0.1～0.15	450～600 mm/min	0.1～0.2	
	切断 (宽度<5 mm)	—	400～500 mm/min	0.1～0.2	

二、有关编程知识

1. G00、G01、G28 指令

1) G00 指令

格式：G00 X__ Z__

说明：

（1）X、Z——目标点坐标，为绝对坐标值。

（2）G00 为模态指令。

（3）在执行 G00 指令时，由于各轴以各自速度移动，不能保证各轴同时到达终点，所以联动直线轴的合成轨迹不一定是直线。操作者必须格外小心，以免刀具与工件发生碰撞。常见的做法是，使用该指令时要注意刀具是否会和工件或夹具碰撞；在不适合联动时，可单轴移动，也就是先将 X 轴移动到安全位置，再执行 G00 指令。

2) G01 指令

G01 指令用于产生按指定进给速度进行的直线运动。

格式：G01 X__ Z__ F__

说明：

(1) X、Z——目标点坐标，为绝对坐标值。

(2) F——进给速度。

(3) G01 可实现直线进给到指定位置。进给速度用 F 指定，一般用于切削加工运动指令。刀具按照程序要求的直线运动方式，按规定的进给速度 F，从当前位置移动到程序段指令的终点。

3) G28 指令

G28 指令是指快速定位到中间点，然后再从中间点返回到参考点。

格式：G28 X__ Z__

说明：

(1) X、Z 中间点的坐标为 X、Z 回参考点时，经过的中间点（非参考点）。

(2) 一般情况下，该指令用于刀具自动更换或者消除机械误差，如在开机前或车削中心换刀前执行。

(3) G28 指令仅在其被规定的程序段中有效，非模态指令。

(4) 执行指令之前应取消刀尖半径补偿，同时应注意刀架所在位置，防止快速移动时碰撞尾座、工件等部件。

2. G90 指令

格式：G90 X(U)__ Z(W)__ F__

（下面用 U、W 表示相对值编程方式；X、Z 表示绝对值编程方式，不同数控系统要求不一样）

说明：

(1) G90 为外径切削循环指令，执行如图 3-4 所示 $A \to B \to C \to D \to A$ 的加工路线。

(2) 切削循环通常是用一个含 G 代码的程序段，代替多个程序段指令完成加工操作，使程序得以简化。常用的有矩形切削循环、锥形切削循环和螺纹切削循环。

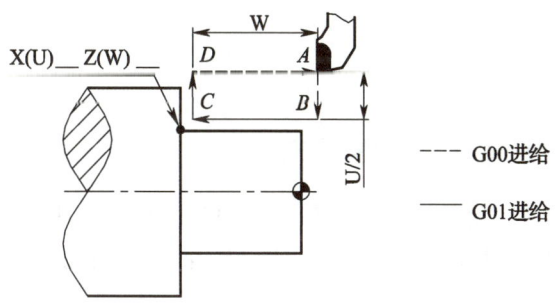

图 3-4 G90 内外径切削循环加工路线

3. G94 指令

格式：G94 X__ Z__ F__

说明：G94 为端面切削循环指令，端面切削循环走刀路线如图 3-5 所示，1→2→3→4 为加工路线。

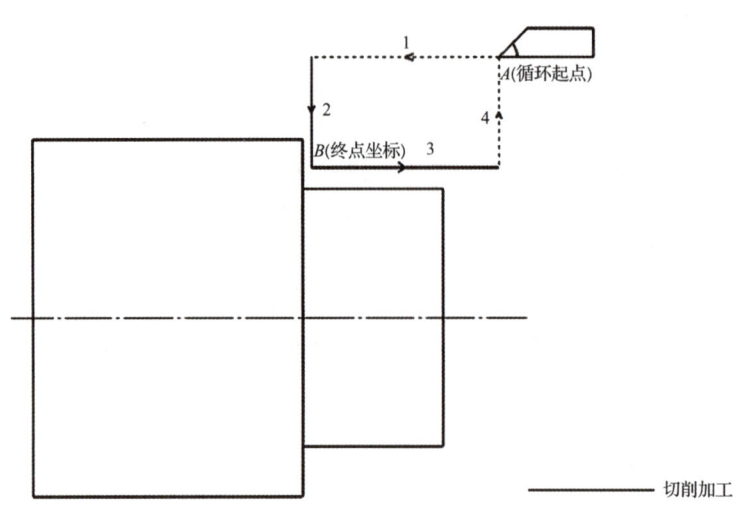

图 3-5　G94 指令加工路线

 任务实施

圆柱阶梯轴零件的加工

一、分析零件图和制定工艺方案

对零件图进行数控加工工艺分析,对工件的材料、形状、尺寸、精度、毛坯形状及技术要求等进行分析,确定合适的加工车床、加工工序,制定工艺方案。

(1) 用三爪自定心卡盘夹持左端,棒料伸出卡爪外 60 mm。

(2) 用 90°正偏刀加工外圆留精车余量 $X=1$ mm。

二、刀具的选择

(1) 90°外圆车刀;

(2) 450 端面刀。

三、数控车床加工的切削用量确定

数控车床加工的切削用量包括背吃刀量、主轴转速或切削速度(用于恒线速度切削)、进给速度或进给量,此零件加工中经计算得主轴转速为 600 min/r,背吃刀量取 1.5 mm,进给量为 100 mm/r。

四、数值计算

编程时须计算整个零件 X 轴向退出量(双边量):40－20＝20 mm,可得整个零件加工时进刀点与出刀点相差 20 mm。20 mm 分 10 次切削则每次进刀 2 mm,加工 10 次需要车削 11 次。

五、编写程序

O0011；（T0101 为一号重磨右偏刀）
T0101；
G54 G00 X100 Z100；　　　　　　　　选择工件坐标系
M03 S800；　　　　　　　　　　　　主轴正转,转速 800 r/min
G00 X42 Z2；　　　　　　　　　　　移到子程序起点处
N40 G01 U-2 F200；　　　　　　　　从 X42 进到切削起点ϕ40 mm
W-27；　　　　　　⎫　　　　　　　加工ϕ20 mm 圆柱段
U10；　　　　　　　⎬　　　　　　　加工ϕ20 mm～ϕ30 mm 过渡台阶
W-30；　　　　　　 ⎭　　　　　　　加工ϕ30 mm 圆柱段
G00 U10；　　　　　⎫第一次进刀加工　离开已加工表面
W57；　　　　　　　⎬　　　　　　　退到循环起点处
N50 U-20；　　　　 ⎭
N60 G01 U-2 F200；
W-27；　　　　　　⎫
U10；　　　　　　　⎬
W-30；
G00 U10；　　　　　⎬第二次进刀加工
W57；
N70 U-20；
N80 G01 U-2 F200；⎭
W-27；
U10；
W-30；
G00 U10；　　　　　⎬第三次进刀加工
W57；
N90 U-20；
……(11 次进刀加工)
G00 X100 Z100；　　　　　　　　　　返回对刀点
M05；　　　　　　　　　　　　　　　主轴停
M30；　　　　　　　　　　　　　　　主程序结束并复位

六、零件仿真加工

零件仿真加工具体操作步骤见表 3-2。

表 3-2　简单圆柱轴仿真加工的操作步骤

步骤	图例
夹住毛坯外圆,伸出长度约 100 mm,找正后夹紧	
对刀设定并验证刀补	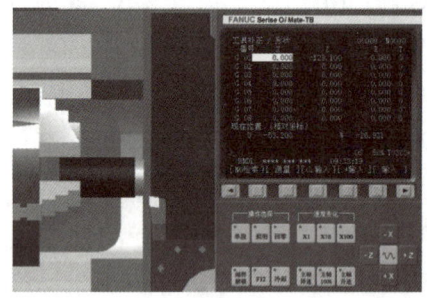
粗车ϕ20 mm,ϕ30 mm,ϕ40 mm 外轮廓,留精加工余量 0.5 mm; 粗车时主轴转速 n 为 500 r/min,进给量 f 为 0.2 mm/r	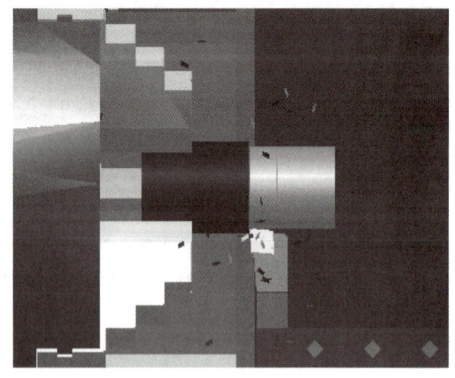
精车外轮廓至尺寸,并切下工件; 精车选择主轴转速 n 为 1 000 r/min,进给量 f 为 0.1 mm/r	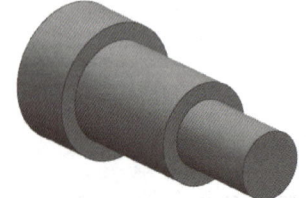

七、思考与练习

编写如图 3-6 所示零件的数控加工程序,并填写表 3-3 至表 3-5 的工艺文件。

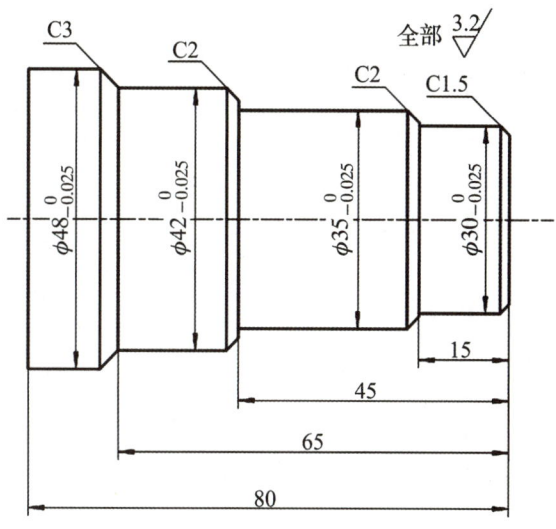

图 3-6 零件图

表 3-3 车削加工工艺卡

工步	工步内容	刀具号	刀具规格	主轴转速 (r/min)	进给速度 (mm/r)	背吃刀量 (mm/r)	备注

表 3-4 刀具卡

序号	刀具号	刀具规格	数量	加工表面	刀尖半径 (mm)	备注

表 3-5　程序加工卡

程序号	程序内容	程序说明

知识拓展

外圆及端面加工中常见问题分析

一、外圆加工问题分析

1. 外圆加工常存在的问题

(1) 工件外圆尺寸存在误差。

(2) 外圆表面粗糙度值过大。

(3) 台阶处不清根或呈现圆角。

(4) 加工过程中出现扎刀,引起工件报废。

(5) 台阶端面出现倾斜。

(6) 工件圆度超差。

(7) 产生椭圆或棱圆。

(8) 产生锥度。

(9) 产生弯曲。

2. 产生的原因、预防及采取的措施

(1) 工件外圆尺寸存在误差。

产生的原因:刀具数据不准确;切削用量选择不当产生让刀;程序错误;工件尺寸计算错误。

预防及采取的措施:调整或重新设定刀具数据;合理选择切削用量;检查修改加工程序;正确计算各节点和基点的坐标。

(2) 外圆表面粗糙度值过大。

产生的原因：切削速度过低；刀具中心过高；切屑控制较差；刀尖积屑堆积；切削液选用不合理。

预防及采取的措施：调高主轴转速；调整刀具中心高度；选择合理的进刀方式及切深；选择合适切削速度范围；选择正确切削液并充分喷注。

(3) 台阶处不清根或呈现圆角。

产生的原因：程序错误；刀具选择错误；刀具损坏。

预防及采取的措施：检查修改加工程序；正确选择加工刀具；更换刀片。

(4) 加工过程中出现扎刀，引起工件报废。

产生的原因：进给量过大；切屑阻塞；工件安装不合理；刀具角度选择不合理。

预防及采取的措施：降低进给速度；采用断、退屑方式切入；检查工件安装情况，增加安装刚性；正确选择刀具。

(5) 台阶端面出现倾斜。

产生的原因：程序有错误；刀具安装不正确。

预防及采取的措施：检查修改加工程序；正确安装刀具。

(6) 工件圆度超差。

产生的原因：车床主轴间隙过大；程序错误；工件安装不合理。

预防及采取的措施：调整机床主轴间隙；检查、修改加工程序；检查工件安装情况，增加安装刚性。

(7) 产生椭圆或棱圆。

产生的原因：车床主轴间隙大；余量不均匀，背吃刀量变化大；活顶尖与中心孔接触不良或活顶尖产生扭动；夹具放置不平衡。

预防及采取的措施：调整或更换轴承，使主轴间隙恢复正常；半精车后再精车；修正中心孔或配磨活顶尖 60°，使其接触良好，顶紧力要适当；配平衡块并认真调整。

(8) 产生锥度。

产生的原因：后顶尖中心线与主轴轴线不重合，前后顶尖不对中、不等高；车床导轨与主轴线不平行；工件悬臂较长，切削力使前端退让；刀具逐渐磨损。

预防及采取的措施：校正主轴箱或尾座，纠正偏移；检验并修正主轴与导轨的平行度误差，使其符合要求；减少工件悬伸长度或用后顶尖支承；选用硬度高、耐磨性好的刀具，并适当降低切削速度。

(9) 产生弯曲。

产生的原因：工件装夹刚度不够或后顶尖顶得过紧；工件内部应力过大。

① 工件装夹刚度不够或后顶尖顶得过紧的修正措施：加工长度轴时，注意散热与冷却，适当放松后顶尖顶力或用弹性活顶尖，以适应热胀，加大主偏角，减小径向力；使用辅助支承；适当加大前角，减小切削力。

② 工件内部应力大的修正措施：适当进行消除应力处理；粗车时适当增加调头次数；半精车、精车前校验弯曲程度。

二、端面加工问题分析

1. 端面加工常存在的问题

(1) 端面加工长度尺寸超差。

(2) 端面粗糙度值过大。

(3) 端面中心处有凸台。

(4) 加工过程中出现扎刀,引起工件报废。

(5) 工件端面凹凸不平。

2. 产生的原因、预防及采取的措施

(1) 端面加工长度尺寸超差。

产生原因:刀具数据不准确;尺寸计算错误;程序错误。

预防及采取的措施:调整或重新设定刀具数据;正确进行尺寸计算;检查、修改加工程序。

(2) 端面粗糙度值过大。

产生原因:切削速度过低;刀具中心过高;切屑控制较差;刀尖积屑堆积;切削液选用不合理。

预防及采取的措施:调高主轴转速;调整刀具中心高度;选择合理的进刀方式及切深;选择合适的切削速度范围;选择正确的切削液并充分喷注。

(3) 端面中心处有凸台。

产生的原因:程序有错误;刀具中心过低;刀具损坏。

预防及采取的措施:检查、修改加工程序;调整刀具中心高度;更换刀片。

(4) 加工过程中出现扎刀,引起工件报废。

产生的原因:进给量过大;刀具角度选择不合理。

预防及采取的措施:降低进给速度;正确选择刀具。

(5) 工件端面凹凸不平。

产生的原因:机床主轴间隙过大;程序有错误;切削用量选择不当。

预防及采取的措施:调整机床主轴间隙;检查修改加工程序;合理选择切削用量。

任务3.2
简单圆锥轴编程与仿真

圆锥面阶梯轴零件的加工

任务描述

通过扫描二维码观看视频学习简单圆锥轴编程与加工,掌握编程中不同指令的走刀路线,根据所学编程知识编写如图3-8所示的圆锥轴零件的数控加工程序,并进行仿真加工。本任务中须注意精加工定位的准确性,以及循环指令中应设置循环起点。

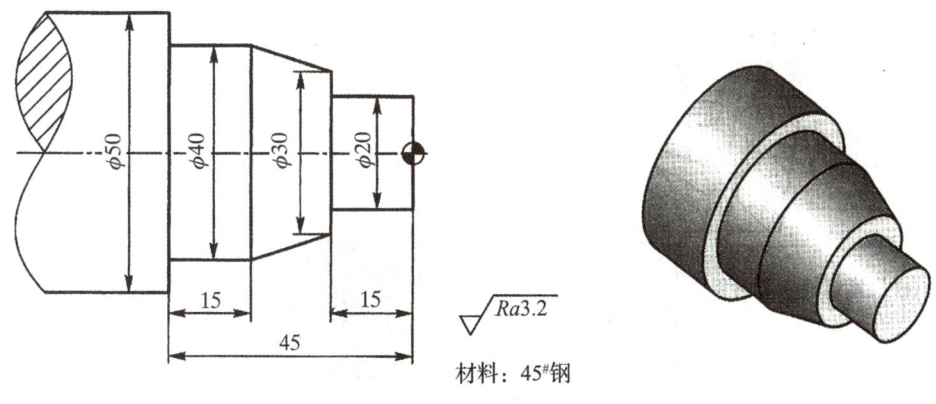

图 3-8 圆锥零件

任务目标

知识目标

(1) 掌握刀尖圆弧半径补偿的知识;
(2) 掌握车外圆锥方法、加工路线的正确选择及测量方法;
(3) 掌握锥度换算方法。

能力目标

(1) 熟练掌握圆锥轴加工的基本方法及程序的编制方法。
(2) 掌握检验圆锥角度和尺寸的常用方法。

素养目标

(1) 培养主动学习能力;
(2) 培养沟通能力及团队协作精神;
(3) 培养质量意识、安全意识和环境保护意识。

相关知识

一、圆锥的相关知识

圆锥面的应用很广,当圆锥面的锥角小于 30°时,可以传递很大的转矩。另外,圆锥面配合同轴度较高,并能做到无间隙配合,可以进行多次装卸仍能保持精确的定心作用。

1. 圆锥种类

(1) 莫氏圆锥:分 0~6 共 7 个号。号数不同时,圆锥半角和尺寸也不同,需要时可查询相关手册。车床主轴锥孔、钻头锥柄、顶尖锥柄、铰刀锥柄等均为莫氏圆锥。

(2) 米制圆锥分为 8 个号,分别是 4、6、80、100、120、140、160 和 200,号数指大端的直径。米制圆锥的特点是号数不同但锥度不变,均为 $C=\dfrac{1}{20}$,圆锥半角 $\dfrac{\alpha}{2}=1\ 025'56''$。

2. 圆锥的基本参数

圆锥基本参数的几何意义如图 3-9 所示。

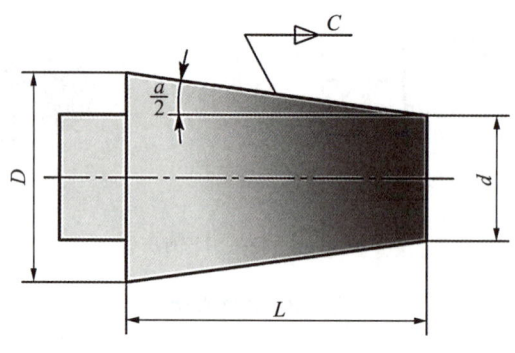

图 3-9　圆锥的基本参数

(1) D:最大圆锥直径(大端直径)。

(2) d:最小圆锥直径(小端直径)。

(3) L:圆锥长度,最大圆锥直径与最小圆锥直径之间的轴向距离。

(4) C:锥度,最大圆锥直径与最小圆锥直径的差与圆锥长度的比值,其表达式如下:

$$C=\dfrac{D-d}{L}$$

(5) α:圆锥角 α 是通过圆锥轴线的截面内两条素线之间的夹角。圆锥角的一半即为圆锥半角 $\dfrac{\alpha}{2}$。其表达式如下:

$$\tan\dfrac{\alpha}{2}=\dfrac{D-d}{2L}=\dfrac{C}{2}$$

锥度一旦确定,圆锥角也就确定了。锥度一般用比例或分数形式表示,如:1∶7 或 $\dfrac{1}{7}$。

二、圆锥加工的走刀路线

如图 3-10 所示的正圆锥锥面,一般可以采用两种走刀路线进行车削。

走刀时先进行粗车再进行精车。粗车时,刀具背吃刀量相同,要计算终刀点的位置;精车时,背吃刀量不同。按此种路线加工,刀具切削运动的路线最短。

走刀路线一如图 3-11 所示,按 1→2→3→4→5 的路线

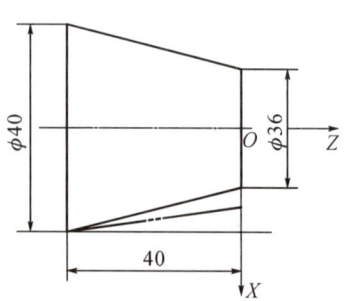

图 3-10　正圆锥锥面加工零件

走刀,这种方法适用于车削大、小两端直径之差较小的圆锥面。每次循环的走刀轨迹是一个直角三角形。此种走刀路线,切削运动的路线较长。

走刀路线二如图 3-12 所示,车锥路线按平行车锥法进行,即和锥体母线平行循环车削。其循环次数可用下式进行计算。

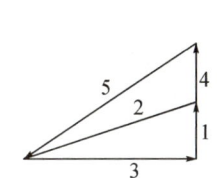

图 3-11　走刀路线一

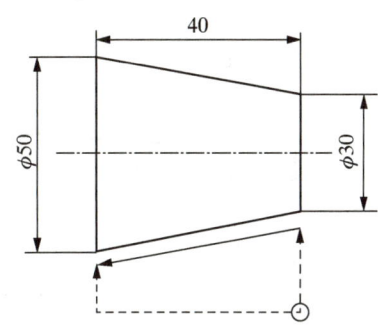

图 3-12　走刀路线二

$$L=\frac{D-d}{2\alpha_p}$$

式中　L ——循环次数;
　　　D ——圆锥大径(mm);
　　　d ——圆锥小径(mm);
　　　α_p ——背吃刀量。

若计算 L 为小数,则取整数,循环完成后,再车一刀至圆锥尺寸。这种循环车锥的方法,适用车削大、小两端直径之差较大的圆锥。每次循环的走刀轨迹也是一个直角三角形。这种走刀路线车削外圆锥时,无须计算终刀距 S,只要确定背吃刀量 α_p,即可车出圆锥轮廓,且编程方便。按此种走刀路线加工,刀具切削运动的路线较长。

三、编程指令

1. G90 指令

G90 主要用于圆柱面和圆锥面的循环切削。

格式:G90 X(U)＿Z(W)＿R＿F＿;

说明:

(1) X(U)和 Z(W):指定外径、内径切削终点坐标。

(2) F:指定切削进给量。

(3) R:指定圆锥半径差,其计算方式如下。

$$指定圆锥半径差=\frac{起点直径-终点直径}{2}$$

G90 指令,执行如图 3-13 所示的轨迹动作。

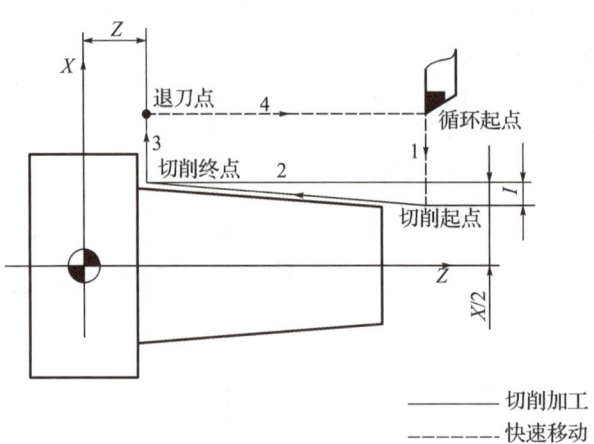

图 3-13　G90 加工路线

2. G41、G42、G40 指令

格式：$\left.\begin{array}{l}G41\\G42\\G40\end{array}\right\}$ G00/G01　X__ Z__

说明：

(1) 刀具补偿中必须和 G00/G01 配合使用，否则无效；

(2) 加工完成后要用 G40 取消刀尖半径补偿。

对于数控车削加工，由于车刀的刀尖通常是一段半径很小的圆弧，而假设的刀尖点并不是刀尖圆弧上的一点。所以，在车削锥面、倒角或圆弧时，可能会造成切削欠切或过切的现象。如图 3-14 所示为切削时由于刀尖圆弧的存在所引起的加工误差。所以，当使用车刀切削加工锥面或圆弧面时，必须将假设的刀尖点的路径作适当的修正，使切削加工完成的工件尺寸正确，这种修正方法称为刀尖圆弧半径补偿，如图 3-15 所示。

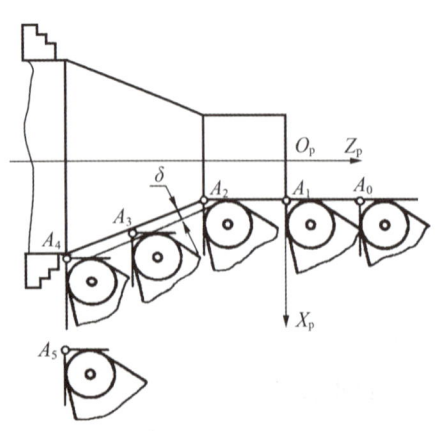

图 3-14　加工误差

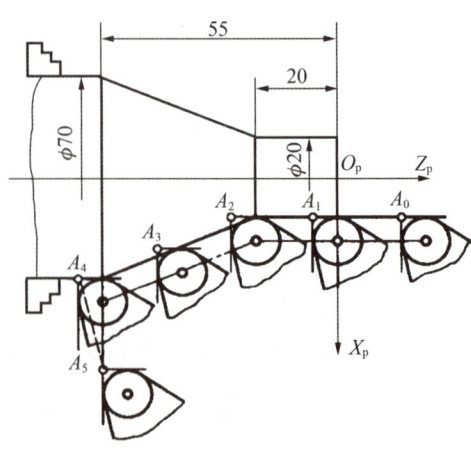

图 3-15　刀尖圆弧半径补偿

如图 3-16 所示，G41 为左刀补（在刀具前进方向左侧补偿）；G42 为右刀补（在刀具前进方向右侧补偿），前置刀架与后置刀架方向相反。G40、G41、G42 都是模态代码，可相互注销。

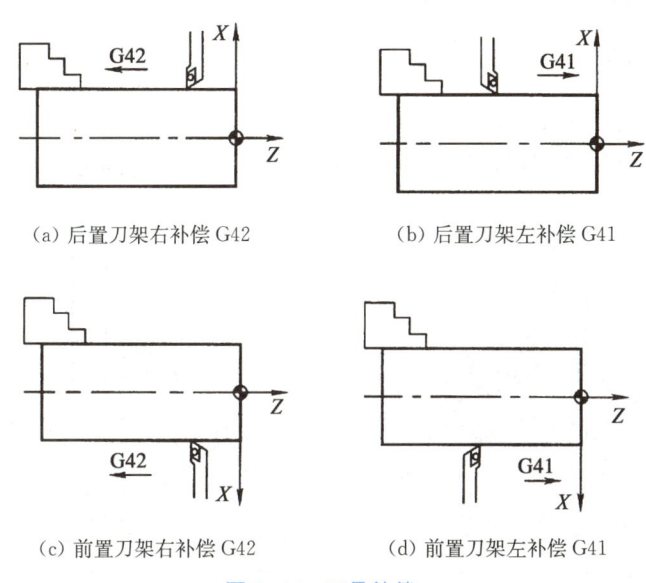

图 3-16　刀具补偿

注意：

(1) G41/G42 不带参数及补偿号（所用刀具对应的刀尖半径补偿值），由 T 指令指定。

(2) 刀尖半径补偿的建立与取消，只能使用 G00 与 G01，不得使用 G02 与 G03。

(3) 进行补偿和取消补偿时，刀具移动距离至少大于刀尖半径的 0.8 倍。车床的刀具可以多方向安装，并且刀具的刀尖也有多种形式。为使数控装置知道刀具的安装情况，以便准确地进行刀尖半径补偿，应定义车刀刀尖的位置码。

(4) 确定车刀形状和位置，车刀刀尖的位置码表示理想刀具与刀尖圆弧中心的位置关系，如图 3-17 所示。图中给出了 8 种刀位号，如何选择主要依据以下三点：

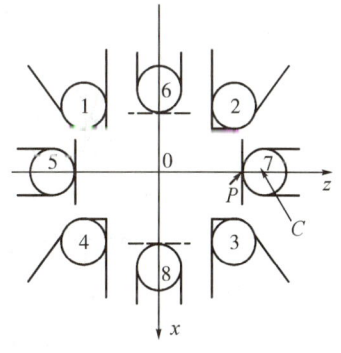

图 3-17　车刀形状和位置

第一，应用刀尖半径补偿，必须根据刀尖与工件的相对位置来确定补偿方向。后刀架时，沿着刀具运动方向看，刀具在工件的右侧为 G42，刀具在工件的左侧为 G41。前刀架时，沿着刀具运动方向看，刀具在工件右侧为 G41，刀具在工件的左侧时为 G42。

第二，采用了半径补偿以后，只要对假想刀尖就可以。

第三，从刀尖中心往假想刀尖方向看，由切削中刀具的方向确定假想刀尖号。假想刀尖共有 8 种（T1～T8）位置，表示了 8 个方向的位置关系。常用的外圆车刀前后刀架都一样,都是 3 号刀位。

(5) 在调用新的刀具前,必须取消刀具半径补偿,否则产生警报。

3. 注意事项

车削圆锥面时,刀尖必须严格对准工件轴线,否则将产生双曲线误差。

三、测量工具

1. 角度和锥度的检测工具

(1) 万能角度尺。万能角度尺可以测量 0°~320° 内的任意角度,如图 3-18 所示。

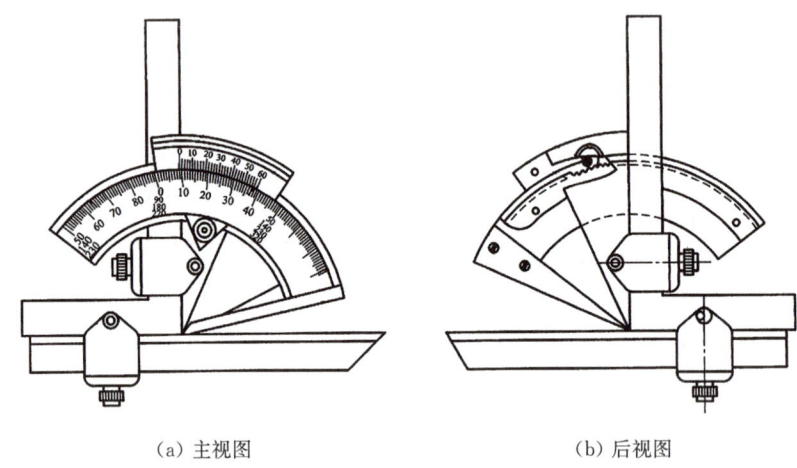

(a) 主视图　　　　　　　　(b) 后视图

图 3-18　万能角度尺

(2) 角度样板。角度样板属于专用量具,常用在批量生产中,以减少辅助时间,如图 3-19 所示。

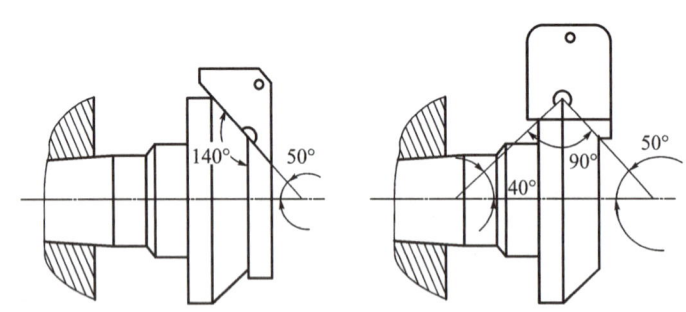

图 3-19　用角度样板测量圆锥齿轮坯的角度

(3) 正弦规。正弦规是利用三角函数中正弦关系间接测量角度的一种精密量具。它由一块标准的钢质长方体和两个相同的精密圆柱体组成。

除上述检测工具外,还可以利用涂色法检测维度。涂色法检测是指在工件表面涂上着色剂,使之渗入内部,而后将工件表面擦拭干净并涂上显像剂,由于毛细管现象渗入缺陷的着色剂上渗到显像剂中来,呈现出缺陷的逆象。常用的涂色法检测有两种,分别是圆锥套规检测和圆锥塞规检测。圆锥套规用于检测外圆锥,圆锥塞规用于检测内圆锥。

2. 圆锥尺寸的检测工具

圆锥尺寸精度要求较低及加工中粗测圆锥尺寸时,可以使用卡钳和千分尺测量。测量时必须注意卡钳脚或千分尺测量杆和工件的轴线垂直,测量位置必须在锥体的最大端处或最小端处。圆锥尺寸精度要求较高时,可以使用圆锥套规测量。

◇ 任务实施

一、分析零件图和制定工艺方案

对零件图进行数控加工工艺分析,对工件的材料、形状、尺寸、精度、毛坯形状及技要求等进行分析,确定适合的加工机床、加工工序,制定工艺方案。

(1) 用三爪自定心卡盘夹持左端,棒料伸出卡爪外 60 mm。
(2) 用 90°正偏刀加工外圆留精车余量 $X = 1$ mm。

二、刀具的选择

(1) 90°外圆车刀;
(2) 450 端面刀。

三、数控车床加工的切削用量确定

数控车床加工的切削用量包括背吃刀量、主轴转速或切削速度(用于恒线速度切削)、进给速度或进给量,此零件加工中经计算得主轴转速为 600 r/min,背吃刀量取 1.5 mm,进给量为 100 mm/r。

四、数值计算

根据零件的设计尺寸设定坐标系,确立刀具移动轨迹的起点和终点坐标。进刀点的计算必须考虑刀具干涉的可能性。为了保证进刀点的安全位置,因此定位为毛坯外表面,通常取 X52 Z2 处。

五、编写程序

O0201;   程序号
N10 G98 G40 G21;
N20 T0101;
N30 G00 X100 Z100;   快速定位
N40 M03 S600;
N50 G42 G00 X52 Z2;
N60 G90 X46 F100;   ⎫
N70 X42;   ⎬ G90 粗加工 ϕ40 mm 外圆,精加工余量为 0.5 mm
N80 X40.5   ⎭

N90 X40F50；　　　　　　　　精加工φ40 mm 外圆

N100 X36 Z-15 F100；

N110 X32；

N120 X28；　　　　　　　　　G90 粗加工φ20 mm 外圆，精加工余量为 0.5 mm

N130 X24；

N140 X20.5；

N150 X20 F50；　　　　　　　精加工φ20 mm 外圆

N160 G00 X42 Z-12；　　　　 快速定位

N170 G90 X46 Z-30 R-6 F100；   粗加工圆锥面，沿圆锥延长

N180 X42 R-6；　　　　　　　 进刀精加工余量为 0.5 mm

N190 X40.5 R-6；

N200 X40 R-6 F50；　　　　　 精加工圆锥表面

N210 G40 G00 X60；　　　　　 取消刀尖圆弧半径补偿

N220 G00 X100 Z100；

N230 M30；　　　　　　　　　程序结束

六、零件仿真加工

零件仿真加工具体操作步骤见表 3-6。

表 3-6　简单圆锥轴仿真加工的操作步骤

步骤	图例
夹住毛坯外圆，伸出长度约 45 mm，找正后夹紧	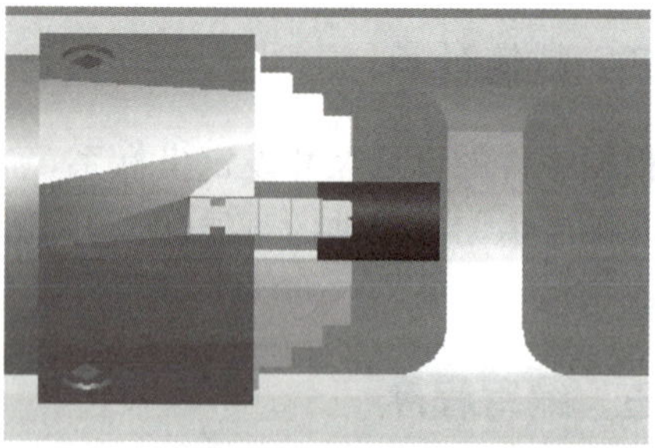
对刀设定并验证刀补	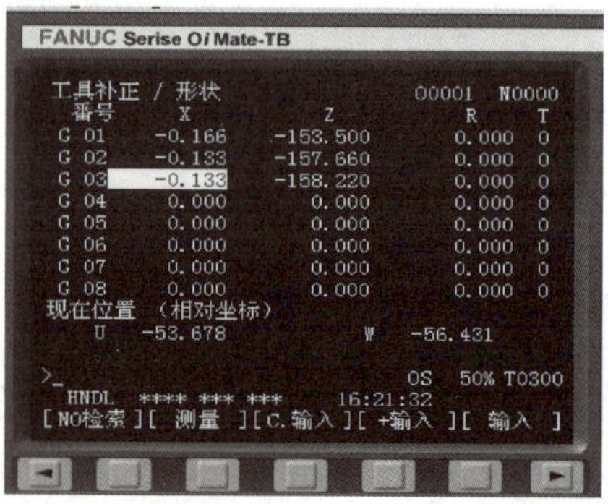

（续表）

步骤	图例
粗车工件右端 C2 倒角，螺纹实际大径至 26.74 mm，ϕ30 mm 外圆至尺寸； 粗车时主轴转速 n 为 500 r/min，走刀量 f 为 0.2 mm/r	
精车外轮廓至尺寸； 精车选择主轴转速 n 为 1 000 r/min，进给量 f 为 0.1 mm/r	

七、思考与练习

编写如图 3-20 所示零件的加工程序，并填写表 3-5 至表 3-7 工艺文件。

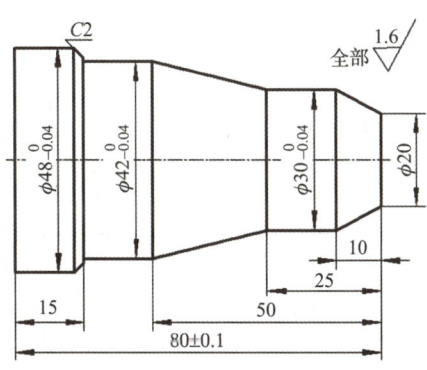

图 3-20　待加工零件

表 3-5　车削加工工艺卡

工步	工步内容	刀具号	刀具规格	主轴转速 (r/min)	进给速度 (mm/r)	背吃刀量 (mm/r)	备注

表 3-6 刀具卡

序号	刀具号	刀具规格	数量	加工表面	刀尖半径（mm）	备注

表 3-7 程序加工卡

程序号	程序内容	程序说明

知识拓展

工序划分及圆锥轴生产中的问题分析

一、工序划分

当零件的加工质量要求较高时，应划分加工阶段以保证加工精度。一般不采用将某个表面加工到设计要求，再以此类推把每个表面都加工完成的方法。例如，某箱体上有多个轴承孔需加工，其中一孔的加工方案是粗镗、半精镗、精镗，若不能连续把这 3 个步骤把孔加工到位，则应分阶段逐步达到精度要求。

零件的加工一般划分为粗加工、半精加工、精加工，共 3 个加工阶段。如果零件要求的精度较高、表面粗糙度很低时，还要增加光整加工阶段和超精密加工阶段。

1. 各加工阶段的主要任务

（1）粗加工阶段。其任务是切除毛坯大部分余量，使毛坯接近成品的形状和尺寸。

因此,应采取措施尽可能提高生产率,同时为半精加工和精加工提供基准,并留有充足而均匀的加工余量,为后继工序创造条件。

(2) 半精加工阶段。其任务是留下精加工余量后使主要表面达到一定的精度,为精加工(如精车、精磨)做好准备,并完成一些次要表面的加工,如扩孔、攻螺纹、铣键槽、销孔等。

(3) 精加工阶段。其任务是保证零件各主要表面达到规定的精度和表面粗糙度要求。

(4) 光整加工阶段。对零件精度和表面粗糙度要求很高(IT6 级以上、$Ra0.2$ 以下)的表面,需进行光整加工。主要目的是获得很高的尺寸精度、降低表面粗糙度或使其表面得到强化,一般不用来提高位置精度。在零件工艺路线拟定时,一般应遵守划分加工阶段的原则,但具体应用时,则根据零件的具体情况灵活处理。

(5) 超精密加工阶段。超精密加工的加工精度为 $0.01 \sim 0.1~\mu m$,表面粗糙度值 $Ra \leqslant 0.001~\mu m$。主要的加工方法有精密切削、精镜面磨削、精密研磨和抛光等。

2. 划分加工阶段的原因

(1) 易于保证加工质量。粗加工阶段尽快地切除多余的金属层;精加工阶段余量小,受力小,受力变形小,振动小,切削热少,受热变形小,从而保证加工质量。

(2) 粗加工切除较多余量,可及时发现毛坯缺陷,及早采取措施,避免浪费工时。

(3) 可以合理使用设备。不同的设备具有不同的精度能力和精度寿命,加工过程分阶段,可以在粗加工阶段使用低精度或旧设备,精加工阶段使用高精度设备。

3. 工序划分原则

工序划分可以遵循两种不同原则,即工序集中原则和工序分散原则。工序集中是指零件的加工集中在少数几道工序内完成,每道工序的加工内容较多。工序集中有利于采用数控车床、高效专用设备及工装,可减少装夹次数,有利于生产组织和计划工作,占用生产面积小。其缺点是设备结构复杂,刀具多,降低了设备的可靠性,可能影响生产率,调整和维护都不方便。工序分散就是将工件的加工分散在较多的工序内进行,每道工序的加工内容很少。工序分散使用的设备及工艺装备比较简单,调整和维修方便。

工序集中和工序分散各有特点,在拟定工艺路线时工序集中还是分散,主要取决于生产规模和零件的结构特点及技术要求。在一般情况下,单件小批量生产时,多将工序集中;大批量生产时,即可采用多刀、多轴等高效率车床将工序集中,还可将工序分散后组织流水线生产,目前的发展趋势是倾向于工序集中。

4. 工序划分的方法

在数控车床上加工零件,工序应尽量集中,一次装夹应尽可能完成大部分工序。数控加工工序的划分包括以下方法。

(1) 以安装划分工序,即以一次安装完成的工艺过程为一道工序。这种方法适用于加工内容不多的工件,加工完成后就能达到待检状态。

(2) 按所用刀具划分工序,即以同一把刀具完成的工艺过程为一道工序。这种划分方法适用于工件的待加工表面较多、车床连续工作时间过长、加工程序编制和检查难度较大的情况。加工中心常用这种方法划分工序。

(3)以加工部位划分工序,即完成相同型面的工艺过程为一道工序。对于加工表面多而且复杂的零件,可按其结构特点(如内形、外形、曲面和平面)划分多道工序。

(4)以粗、精加工划分工序,即粗加工完成的工艺过程为一道工序,精加工完成的工艺过程为另一道工序。这种划分方法适用于加工后变形大,需粗、精加工分开的零件,如锻件和铸件。

二、实际生产中产生的问题分析

分析圆锥加工误差产生原因及预防措施,见表 3-8。

表 3-8 圆锥产生误差的原因及预防方法及措施

误差种类	产生原因	预防措施
锥度误差	车刀没有固紧	固紧车刀
	编程错误	检查程序
尺寸误差	编程错误	检查程序
双曲线误差	车刀刀尖未对准工件轴线	车刀刀尖必须严格对准工件轴线
表面粗糙度不合格	切削用量选择不当	正确选择切削用量
	车刀角度不正确,刀尖不锋利	刃磨车刀,角度要正确,刀尖要锋利

项目 4

中等复杂回转体零件编程与仿真

项目简介

本项目主要介绍外轮廓和内轮廓的加工。外轮廓的加工中介绍带圆锥的轴的零件的编程与仿真加工。对于粗加工来说,需要用到的循环指令 G73,这里特别要理解 G71 指令与 G73 指令的区别。精加工需要用到刀尖圆弧半径补偿的编程指令及圆弧编程指令 G02、G03。外轮廓中的切槽会介绍指令 G01、G75,暂停指令 G04,切槽刀的选择及对刀步骤及子程序指令 M98、M99 应用和编程格式。内轮廓的加工中涉及内孔的加工,主要介绍孔加工的特点,孔加工的方法以及孔加工刀具的应用。

任务 4.1
带倒角、倒圆外轮廓编程与仿真

任务描述

中等复杂
轴加工

如图 4-1 所示,毛坯尺寸为 $\phi 45$ mm×100 mm,材料为 $45^\#$ 钢,已预制 $\phi 18$ mm 底孔,深度为 34 mm,试编写其外轮廓数控车削加工程序并进行加工。

任务目标

知识目标

(1) 掌握外圆粗精车循环指令 G71、G70 的指令格式;
(2) 正确理解 G71 指令段内部参数的意义和加工轨迹的特点,能根据加工要求合理确定各参数值。

能力目标

(1) 理解 G71 指令段内部参数的意义；

(2) 掌握 G71、G70 指令的编程方法及编程规则。

素质目标

(1) 培养学生的学习能力；

(2) 培养学生的沟通能力及团队协作精神。

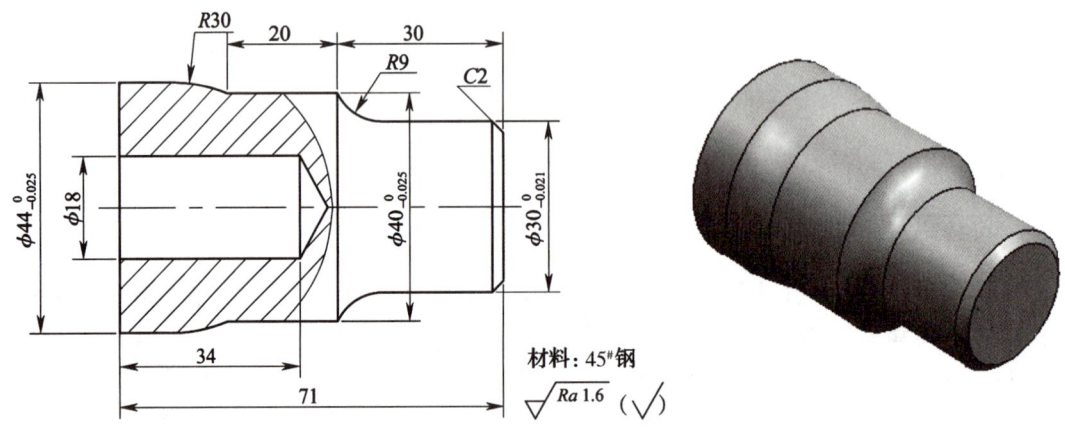

图 4-1　带倒角、倒圆外轮廓零件

相关知识

一、复合固定循环指令的功能特点

复合固定循环指令可以将多次重复动作用一个指令来表示，系统会自动重复切削，直到加工完成，能够有效简化程序。只需在程序中给出最终走刀轨迹（由零件图确定）及重复切削次数（与背吃刀量有关），特别适合余量大且形状复杂的零件加工编程。

二、粗加工循环指令 G71

1. 功能

只需指定粗加工背吃刀量、精加工余量、精加工路线，系统便能自动给出粗加工路线和加工次数，完成粗加工。

2. 格式

G71 U(Δd) R(e);

G71 P(n_s) Q(n_f) U(Δu) W(Δw);

Nn_s　……;

Nn_f　……;　　　（精车路线）

其中，

(1) Δd：粗加工背吃刀量，半径值。

(2) e：退刀量，半径值。

(3) n_s：精加工路线第一个程序段的段号。

(4) n_f：精加工路线最后一个程序段的段号。

(5) $\triangle u$：X 轴方向精加工余量，直径值。

(6) $\triangle w$：Z 轴方向精加工余量，直径值。

3. 指令的运行过程

G71 指令加工过程如图 4-2 所示。

(1) 指令运行前，刀具先到达循环起点。

(2) 指令运行中，刀具依据给定的 Δd、e 按矩形轨迹循环分层切削。

(3) 最后一次切削沿粗车轮廓连续走刀，留有精车余量 Δu、Δw。

(4) 指令运行结束，刀具自动返回循环起点。

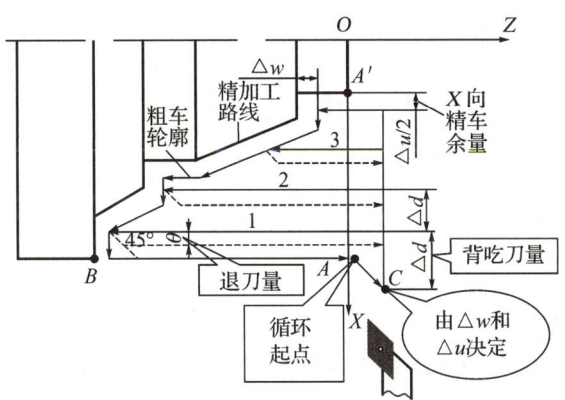

图 4-2　G71 指令加工路线

三、精加工循环指令 G70

1. 功能

切除 G71 指令粗加工后留下的余量，完成精加工。

2. 格式

G70 P(n_s) Q(n_f)

其中，

(1) n_s：精加工程序段中第一个程序段的顺序号。

(2) n_f：精加工程序段中最后一个程序段的顺序号。

(3) n_s、n_f 含义与 G71 指令相同，并且数值应一致。

3. 说明

(1) 应与粗加工 G71 指令配合使用。

(2) 在 G70 状态下，$n_s \sim n_f$ 程序段中指定的 F、S、T 有效。

4. 运行特点

刀具按 $n_s \sim n_f$ 程序段指定的精车路线进行一次连续切削,运行结束刀具返回循环起点。

注意:

(1) 外圆粗车循环(G71)的编程格式中 G71 是非模态指令,前段有的后面不能省略。

(2) 外圆粗车循环(G71)编程格式参数中,在顺序号 P 的程序段中,可以有 G00 或 G01 指令,但不能有 Z 指令。

(3) 精加工循环指令(G70)一般出现在精加工结束之后。

5. 程序编制

G71/G70 指令编程示例零件如图 4-3 所示。

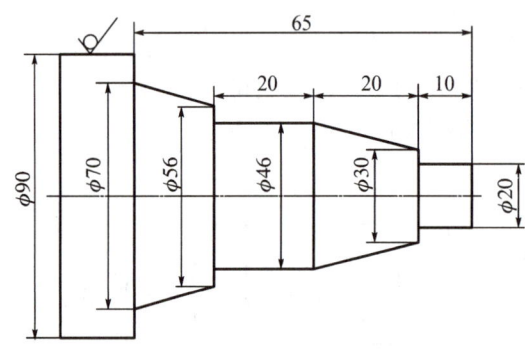

图 4-3 编程示例零件

(1) 编程思路如下:

① 指定循环起点;

② 定义 G71 指令参数;

③ 编写精车路线(精车路线第一步刀具只允许 X 轴方向的移动,不能有 Z 指令);

④ 指定 G70 指令;

⑤ 将程序头和程序尾补全。

(2) 程序:

O0001 ⎫
M03 S600 F100; ⎬ 程序头
T0101; ⎭

G00 X90. Z2.;   循环起点

G71 U2. R0.5;
G71 P10 Q20 U0.5 W0.1;   粗车循环

N10 G00 X20.;
G01 Z-10. F80;
X30.;
X46. W-20.;   精加工路线(由零件轮廓决定)
W-20.;
X56.;

X70. Z-65.；
N20　X90；
G70 P10 Q20 S800；　　　精车循环
G00 X200. Z100.；
M30；　　　　　　　　　程序尾

◆ 任务实施

一、分析零件图样

对零件图进行数控加工工艺分析,对工件的材料、形状、尺寸、精度、毛坯形状及技要求等进行分析,确定适合的加工机床、加工工序。

（1）分析零件图样中的尺寸精度：长度尺寸要求不高,外圆尺寸要求高,所以加工时要优先保证外圆尺寸。

（2）分析零件图中构成轮廓的几何元素的条件是否充分、正确：此零件图的结构轮廓清楚,几何元素构成充分。

（3）分析技术要求和表面粗糙度：技术要求为材料要求 45# 钢,表面粗糙度要求较高,需要进行车削精加工达到要求。

二、分析加工工艺

1. 编程原点的确定

取在工件右端面的中心处。

2. 制定加工方案及加工路线

待加工零件精加工轨迹,如图 4-4 所示。

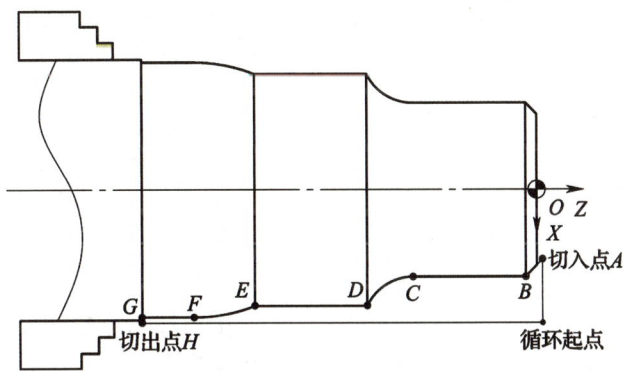

图 4-4　精加工轨迹

3. 工件定位与装夹

工件采用通用三爪自动定心卡盘进行定位与装夹,工件伸出卡盘端面长度应略大于加工长度,以保证产品加工的完整性及加工过程安全性。

4. 选择刀具及切削用量

数控车削用刀具及切削用量参数见表4-1。

表 4-1　数控车削用刀具及切削用量参数

刀具名称	刀具号	刀位	加工内容	主轴转速(r/min)	进给量(mm/r)	背吃刀量(mm)
外圆车刀	T0101	3	粗车外圆轮廓	500	0.2	3
			手动车端面			
外圆车刀	T0202	3	精车外圆轮廓	1 000	0.1	0.3
切断刀	T0303	3	手动切断	400	0.1	3

三、编写程序

程序	说明
O4030;	工件外轮廓加工程序
N10 G99 G40 G21 G18;	程序初始化
N20 G28 U0 W0;	回参考点
T0101;	换1号刀,取1号刀补
N40 M03 S500 M08;	主轴正转,切削液开
N50 G00 X46.0 Z1.0;	定位至循环起点
N60 G71 U3.0 R0.5;	粗车循环
N70 G71 P80 O150 U0.5 W0.2 F0.2;	
N80 G00 X24.0 S1000;	"ns"程序段只能沿X方向进刀
N90 G01 X30.0 Z-2.0 F0.1;	精加工轮廓
N100 Z-21.94;	
N110 G02 X40.0 Z-30.0 R9.0;	
N120 G01 Z-50.0;	
N130 G03 X44.0 Z-60.77 R30.0;	
N140 G01 Z-71.0;	
N150 X46.0;	
N160 G00 X100.0 Z100.0;	退刀
N170 M05;	主轴停
N180 M00;	程序暂停
N190 T0202;	调用精加工刀号、刀补号
N200 S500 M03;	转动主轴
N210 G00 X46.0 Z1.0;	重新定位至循环起点
N220 G70 P80 O150;	精加工
N230 G28 U0 W0;	程序结束
N240 M05 M09 M30;	

四、零件仿真加工

零件的仿真加工操作步骤,见表 4-2。

表 4-2 带倒角、倒圆外轮廓零件仿真与加工的操作步骤

步骤	图例
夹住毛坯外圆,伸出长度约 75 mm,找正后夹紧	
对刀设定并验证刀补	
粗车 C2 倒角,ϕ30 mm 外圆,R9 圆角,ϕ40 mm 外圆,R30 圆弧,ϕ44 mm 外圆,留精加工余量单 0.5 mm; 粗车时主轴转速 n 为 500 r/min,进给量 f 为 0.2 mm/r	
精车外轮廓至尺寸; 精车选择主轴转速 n 为 1 000 r/min,进给量 f 为 0.1 mm/r	

五、实际生产中产生问题分析

表 4-3 中由工艺系统所导致的尺寸精度降低问题可通过调整车床和夹具来解决。而前面 3 项对尺寸精度的影响因则可以通过操作者正确、细致的操作来解决。

表 4-3 数控车床加工尺寸精度及误差分析

影响因素	序号	产生原因
装夹与校正	1	工件校正不正确
	2	工件装夹不牢固,加工过程中产生松动与振动
刀具	3	对刀不正确
	4	刀具在使用过程中产生磨损
	5	刀具刚性差,刀具加工过程中产生振动
加工	6	切削深度过大,导致刀具发生弹性变形
	7	刀具长度补偿参数设置不正确
	8	精加工余量选择过大或过小
	9	切削用量选择不当,导致切削力、切削热过大,从而产生热变形和内应力
工艺系统	10	车床原理误差
	11	车床几何误差
	12	工件定位不正确或夹具与定位元件制造误差

六、思考与练习

如图 4-5 所示工件,试采用粗、精车循环指令编写其数控车加工程序,并填写(表 4-4 至表 4-6)工艺文件。

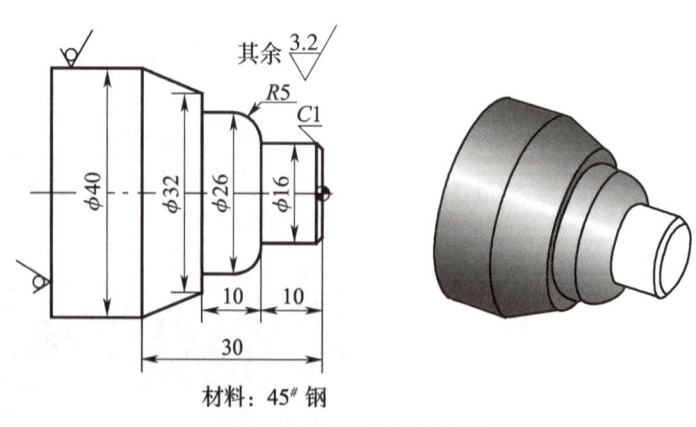

材料:45# 钢

图 4-5 圆锥面阶梯轴示例

表 4-4　车削加工工艺卡

工步	工步内容	刀具号	刀具规格	主轴转速 (r/min)	进给速度 (mm/r)	背吃刀量 (mm/r)	备注

表 4-5　刀具卡

序号	刀具号	刀具规格	数量	加工表面	刀尖半径 (mm)	备注

表 4-6　程序加工卡

程序号	程序内容	程序说明

任务 4.2
内轮廓编程与仿真

内孔刀
的对刀

◆ 任务描述

在任务 4.1 的基础上，本任务将完成如图 4-7 所示工件左端内轮廓的编程加工。

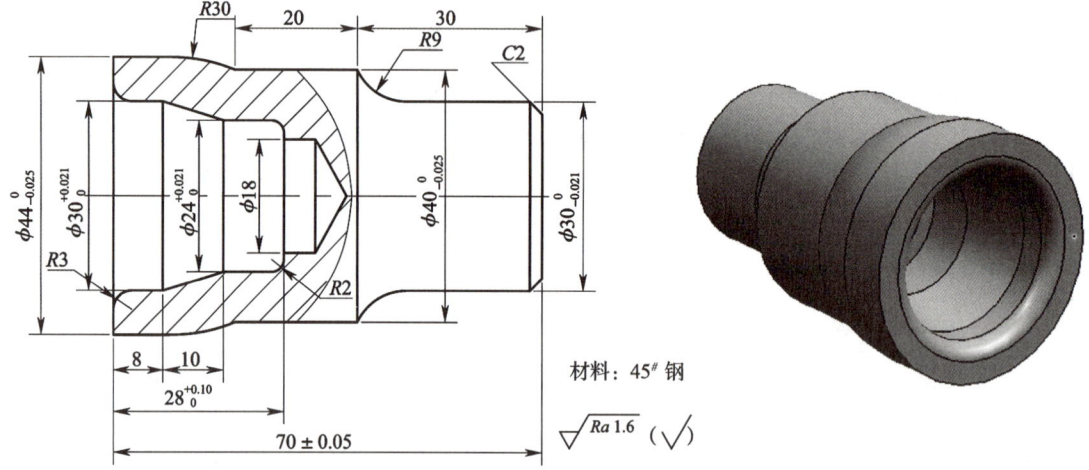

图 4-7 待加工零件

◆ 任务目标

知识目标

(1) 巩固内、外圆粗车复合循环 G71 的指令格式，理解 G71 指令段内部参数的意义；
(2) 熟悉车内孔加工工艺。

能力目标

(1) 能够合理确定内轮廓加工路线，给出正确的轮廓基点坐标；
(2) 掌握简单孔类零件加工程序的编制；
(3) 掌握简单孔类零件的加工方法；
(4) 掌握刀具的安装方法；
(5) 掌握孔的测量方法。

素质目标

(1) 培养沟通能力及团队协作能力；
(2) 培养质量意识、安全意识和环境保护意识；
(3) 培养精益求精的工作作风。

相关知识

一、孔加工车削工艺及加工过程特点

1. 工艺概述

在机械加工中,根据孔的结构和技术要求的不同,可采用不同的加工方法,这些方法归纳起来可以分为两类:一类是对实体工件进行孔加工,即从实体上加工出孔;另一类是对已有的孔进行半精加工和精加工。非配合孔一般是采用钻削加工,在实体工件上直接把孔钻出来;对于配合孔则需要在钻孔的基础上,根据被加工孔的精度和表面质量要求,采用铰削、镗削、磨削等精加工的方法进一步加工。铰削、镗削是对已有孔进行精加工的典型切削加工方法。要实现对孔的精密加工,主要的加工方法就是磨削。当孔的表面质量要求很高时,还需要采用精细镗、研磨、珩磨、滚压等表面光整加工方法;对非圆孔的加工则需要采用插削、拉削以及特种加工等方法。

2. 孔加工过程特点

由于孔加工是对零件内表面的加工,对加工过程的观察和控制较为困难,加工难度要比外圆表面等开放型表面的加工大得多。孔的加工过程主要有以下四方面的特点。

(1)孔加工刀具多为定尺寸刀具,如钻头、铰刀等,在加工过程中,刀具磨损造成的形状和尺寸的变化会直接影响被加工孔的精度。

(2)由于受到被加工孔直径大小的限制,切削速度很难提高,尤其是在对较小的孔进行精密加工时,为达到所需的速度,必须使用专门的装置,这对设备的性能也提出了很高的要求。

(3)刀具的结构受孔的直径和长度的限制,刚性较差。在加工时,由于轴向力的影响,刀具容易产生弯曲振动和变形,孔的长径比(孔深度与直径之比)越大,刀具刚性对加工精度的影响就越大。

(4)孔加工时,刀具一般是在半封闭的空间工作,切屑排除困难,冷却液难以进入加工区域,散热条件较差。切削区热量集中,温度较高,会影响刀具的耐用度和钻削加工质量。

3. 孔加工工艺要求

(1)内成形面一般结构不会太复杂,加工工艺常采用钻—粗镗—精镗的方式,孔径较小时可采用手动方式或 MDI 方式"钻—铰"加工。

(2)大锥度锥孔进行余量较大的表面加工时,可采用固定循环编程或子程序编程,一般直孔和小锥度锥孔采用钻孔后两刀镗出即可。

(3)中空工件的刚性一般较差,装夹时应选好定位基准,控制夹紧力大小,以防止工件变形,保证加工精度。

(4)工件精度较高时,则粗精加工交替进行内、外轮廓切削,以保证形位精度。

(5)换刀点的确定要考虑镗刀刀杆的方向和长度,以免换刀时刀具与工件、尾架(可能有钻头)发生干涉。

(6)因内孔切削条件差于外轮廓切削条件,故内孔切削用量需小于外轮廓切削用量

(小 30%~50%)。但因孔直径较外轮廓直径小,实际主轴转速可能会大于切削外轮廓时主轴转速。

4. 孔加工技术要求

(1) 内孔类零件一般都要求具有较高的尺寸精度,较小的表面粗糙度和较高的形位精度,在车削安装套类零件时,关键是要达到位置精度要求。

(2) 内轮廓加工刀具回旋空间小,刀具进退刀方向与车外轮廓时有较大区别,编程时进退刀尺寸在必要时需仔细计算。

(3) 由于内轮廓加工刀具受到孔径和孔深的限制,刀杆细而长,刚性差,切削用量选择,特别是进给量和背吃刀量的选择要较切外轮廓时的稍小。

(4) 内轮廓切削时切削液不易进入切削区域,切屑不易排出,镗深孔时可以采用工艺性退刀,有利于切屑排出。

(5) 内轮廓切削时切削区域不易观察,加工精度不易控制,大批量生产时需增加测量次数。

二、内孔加工刀具的选择及安装方法

1. 内孔加工刀具

内孔加工刀具主要为麻花钻和内孔(圆)车刀。内孔车刀分为通孔车刀和盲孔车刀,如图 4-8 所示。

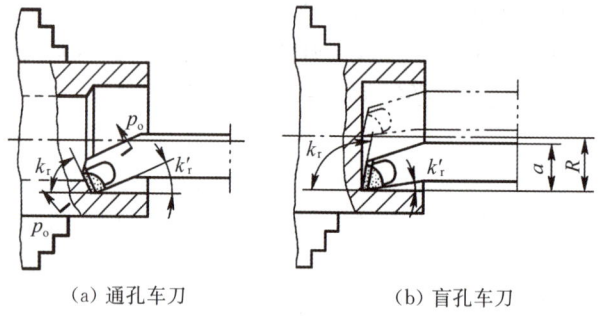

(a) 通孔车刀　　(b) 盲孔车刀

图 4-8　内孔车刀

2. 车孔的关键技术

车孔的关键技术是解决内孔车刀的刚性问题和内孔车削过程中的排屑问题。

为了增加车削刚度,防止产生振动,要尽量选择粗的刀杆,装夹时刀杆伸出长度应尽可能短,略大于孔深即可。

内孔加工过程中,主要是通过控制切屑排出的方向来解决排屑问题。精车时有正刃倾角,可使切屑向待加工表面方向排出;加工盲孔时采用负的刃倾角,切屑可从孔中排出。

3. 刀具的装夹

1) 钻头的装夹

麻花钻的柄有直柄和锥柄两种:直柄麻花钻可用钻头装夹,然后插入车床尾座套筒内使用;锥柄麻花钻可直接插入车床尾座套筒内使用。钻孔时可手动钻孔,也可编程自动钻孔。如果需要通过编程自动钻孔时,可将钻头装在刀架上,用钻尖和横刃处轴心线对刀。钻头在刀架上的装夹方法,如图4-9所示。

(a) 用开缝套夹　　　　　　　　(b) 用专用工具装夹

图4-9　钻头在刀架上的安装方法

2) 内孔车刀的安装

(1) 刀尖应与工件旋转中心等高或稍高,防止由于切削力过大使刀尖扎进工件里(扎刀)。如果刀尖装得低于工件中心,就容易产生扎刀现象,使内孔车大。

(2) 内车刀伸出长度要尽量短,一般刀柄伸出刀架长度比被加工孔长5~6 mm,以增强刀杆刚性,防止振动。

(3) 刀柄要尽量与工件轴线平行。

三、切削液的种类及选用

1. 切削液的种类

1) 水溶液

水溶液的主要成分是水及防锈、防霉剂等。为了提高清洗能力,加入清洗剂;为了使之具有一定的润滑作用,还可加入油性添加剂。如加入聚乙二醇和油酸后,水溶液既有良好的冷却性,又有一定的润滑性,并且澄清透明,加工时便于观察。

2) 乳化液

乳化液是水和乳化油经搅拌后形成的乳白色液体。乳化油是一种油膏,它由矿物油和表面活性乳化剂(石油磺酸钠、磺化蓖麻油等)配制而成。表面活性剂分子的极性一端与水亲和,非极性端与油亲和,为使水油均匀混合添加乳化稳定剂(乙醇、乙二醇等)使乳化液中油、水不分离,具有良好的稳定及冷却性能。

3) 合成切削液

合成切削液是国内外均推广使用的高性能切削液。它由水、各种表面活性剂和化学添加剂组成,具有良好的冷却、润滑、清洗和防锈性能,热稳定性好,使用周期长。

4) 切削油

切削油主要起润滑作用。常用的有L-AN15全损耗系统用油(10号机械油)、L-AN32全损耗系统用油(20号机械油)、轻柴油、煤油、豆油、菜籽油、蓖麻油等。其中动、植物油容易变质,一般较少使用。

5) 极压切削油

极压切削油是在矿物油中添加氯、硫、磷等极压添加剂配制而成,它在高温下不破坏润滑膜,并具有良好的润滑效果,被广泛使用。

6) 固体润滑剂

目前数控加工中所用的固体润滑剂主要以二硫化钼（MoS_2）为主。二硫化钼形成的润滑膜具有极低的摩擦因数（0.05～0.09）、高熔点（1 185℃），因此，高温不易改变其润滑性能，具有很高的反抗压性能和牢固的附着能力，有较高的化学稳定性和温度稳定性。固体润滑剂有三种，即油基润滑剂、水基润滑剂和润滑脂。应用时，将二硫化钼与硬脂酸及石蜡做成蜡笔，涂抹在刀具表面上，也可将其混合在水中或油中，涂抹在刀具表面上。

2. 切削液的选用

切削液的选用应根据加工性质、工件和刀具的材料等具体条件合理选用。

1) 根据加工性质选用

（1）粗加工时，由于加工余量和切削量均较大，因此在切削过程中会产生大量的切削热，易使刀具迅速磨损，这时应降低切削区域温度，所以应选择以冷却作用为主的乳化液和合成切削液。

① 用高速钢刀具粗车碳钢时，应选用3%～5%的乳化液，也可以选用合成切削液。

② 用高速钢粗车合金钢、铜及其合金工件时，应选用5%～7%的乳化液。

③ 粗车铸铁时，一般不用切削液。

（2）精加工时，为了减少切屑、工件与刀具间的摩擦，保证工件的加工精度和表面质量，应选用润滑性能好的极压切削油或高浓度极压乳化液。

① 用高速钢精车碳钢工件时，应选用10%～15%的乳化液或10%～20%的极压乳化液。

② 用硬质合金刀具精加工碳钢时，可以不用切削液，也可用10%～25%的乳化液或10%～25%的极压乳化液。

③ 精加工铜及其合金、铝及其合金工件时，为了得到较高表面质量和较高的精度，可选用10%～20%的乳化液或煤油。

（3）半封闭式加工时，如钻孔、铰孔和深孔加工时，排屑、散热条件均非常差，不仅刀具磨损严重，容易退火，而且切屑易拉毛工件已加工表面。为此，需选用黏度较小的极压乳化液或极压切削油，并加大切削液的压力和流量，这样既可以进行冷却、润滑，又可将部分切屑冲刷出来。

2) 根据工件材料选用

（1）一般钢件粗加工时选乳化液，精加工时选硫化乳化液。

（2）加工铸铁、铸铝等脆性金属时，为了避免细小切屑堵塞冷却系统或黏附在车床上难以清除，一般不用切削液。但在精加工时，为提高工件表面加工质量，可选用润滑性好、黏度小的煤油或7%～10%的乳化液。

（3）加工有色金属或铜合金时，不宜采用含硫的切削液，以免腐蚀工件。

（4）加工镁合金时，不能用切削液，以免燃烧起火。必要时，可用压缩空气冷却。

（5）加工难加工材料，如不锈钢、耐热钢等，应选用10%～15%的极压切削油或极压乳化液。

3) 根据刀具材料选用

（1）高速钢刀具：粗加工时选用乳化液，精加工时选用极压切削油或浓度较高的极压乳化液。

(2) 硬质合金刀具：为避免刀片因骤冷或骤热而发生崩裂，一般不使用冷却润滑液。如需使用，必须连续充分加注冷却乳化液或合成切削液。例如加工某些硬度高、强度大、导热性差的工件时，由于切削温度较高，会造成硬质合金刀片与工件材料发生黏结和扩散磨损，应加注以冷却为主的2‰～5‰的乳化液或合成切削液。若采用喷雾加注法，则切削效果更好。

四、内孔的测量

内孔的测量需根据精度要求选用不同的测量工具。若孔径尺寸精度要求较低，可采用钢直尺、内卡钳或游标卡尺测量；若精度要求较高，可用内径千分尺或内径百分表测量；标准孔还可以采用塞规测量。各种内孔量具如图4-10所示。

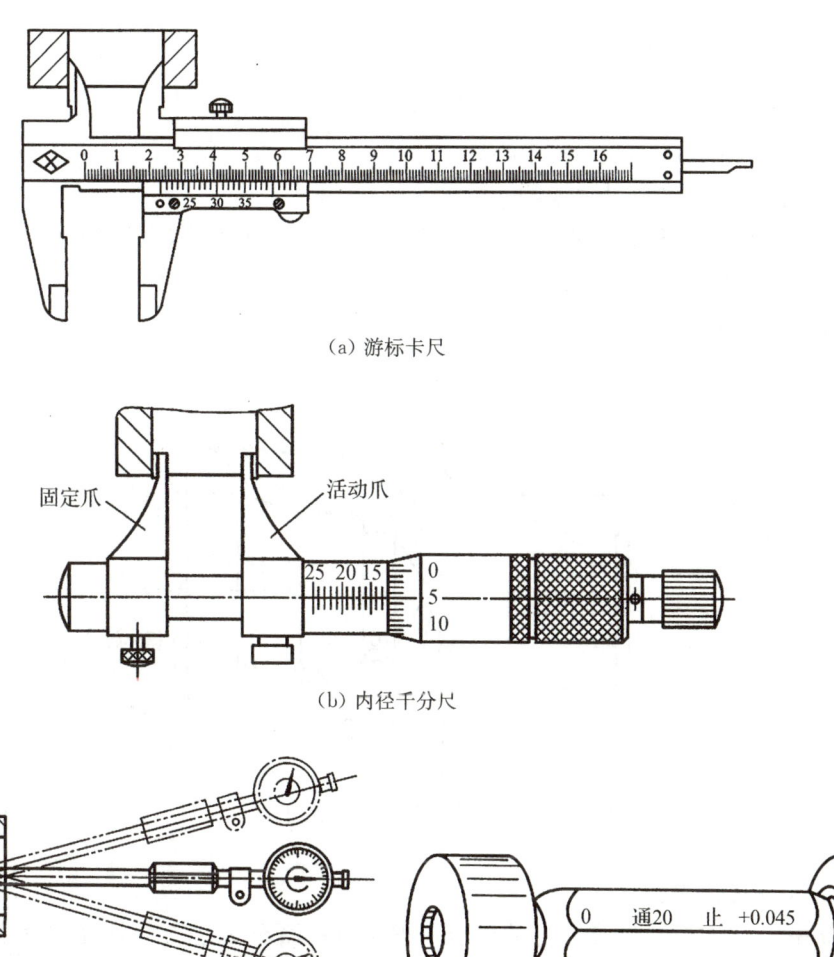

图 4-10 各种内孔量具

任务实施

一、零件图样分析

对零件图进行数控加工工艺分析,对工件的材料、形状、尺寸、精度、毛坯形状及技要求等进行分析,确定适合的加工车床、加工工序,制定工艺方案。

(1) 用三爪自定心卡盘夹持左端,棒料伸出卡爪外 60 mm。
(2) 用 90°正偏刀加工外圆留精车余量 $X=0.5$ mm。
(3) 选用内孔车刀中的盲孔刀。
(4) 选用麻花钻进行钻孔。

二、加工工艺分析

1. 编程原点的确定

编程原点为工件左端面的中心处。

2. 制定加工方案及加工路线

G71 循环车削内轮廓时,循环起点应尽量靠近毛坯底孔,以缩短加工行程,避免空走刀。考虑安全性,Z 向注意留安全裕量(1～2 mm),X 向略小于或等于底孔直径均可,如图 4-11 所示。

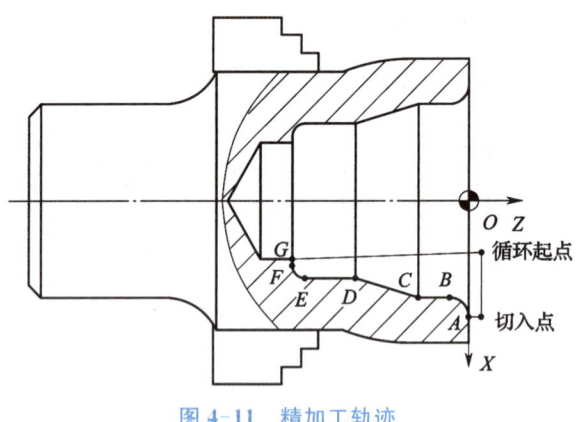

图 4-11 精加工轨迹

3. 工件定位与装夹

首先是确定定位,轴类零件的定位一般考虑打百分表进行同轴度的确定,先加工右端,这个方案主要是便于后继装夹然后掉头后夹住 ϕ40 mm 外圆,尽可能减小悬伸量,找正后夹紧。

4. 选择刀具及切削用量

选择机械夹固式不重磨盲孔车刀作为切削刀具,如图 4-12 所示。

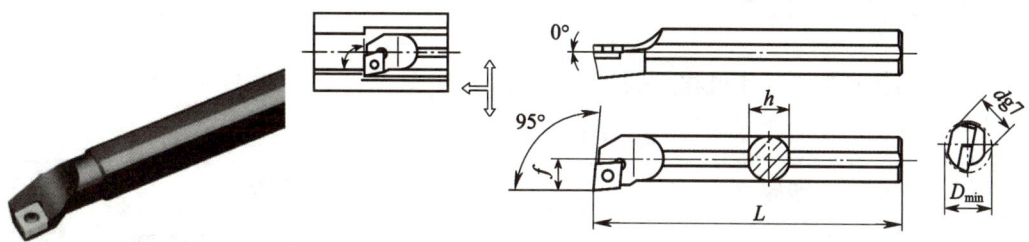

图 4-12 内孔车刀

三、编写程序

O4040；	工件外轮廓加工程序
N10 G99 G40 G21 G18；	程序初始化
N20 G28 U0 W0；	回参考点
N30 T0404；	换 4 号刀，取 4 号刀补
N40 M03 S500 M08；	主轴正转，切削液开
N50 G00 X17.0 Z2.0；	定位至循环起点
N60 G71 U1.5 R0.5；	粗车循环
N70 G71 P80 Q150 U-0.6 W0.1 F0.15；	
N80 G00 X36.0 S1000；	"ns"程序段只能沿 X 方向进刀
N90 G01 Z0.08；	
N100 G02 X30.0 Z-3.0 R3.0；	
N110 G01 Z-8.0；	
N120 G01 X24.0 Z-18.0；	精加工轨迹描述
N130 Z-26.0；	
N140 G03 X20.0 Z-28.0 R2.0；	
N150 G01 X18.0；	
N160 G00 X100.0 Z100.0；	退刀
N170 M05；	主轴停转
N180 M00；	程序暂停
N190 T0404；	重新调用刀号、刀补号
N200 S500 M03；	转动主轴
N210 G00 X17.0 Z2.0；	重新定位至循环起点
N220 G70 P80 Q150；	精加工
N230 G28 U0 W0；	
N240 M05 M09；	程序结束
N250 M30；	

四、零件仿真加工

零件的仿真加工操作过程，见表 4-7。

表 4-7 简单孔类零件仿真与加工的操作步骤

步骤	图例
夹住 ϕ40 mm 外圆，尽可能减小工件悬伸量，找正后夹紧	
试切内孔对刀，设定并验证刀补	
粗车 R3.0 圆角，ϕ30 mm 内孔，锥面，ϕ24 mm 内孔，R2 圆角，阶台端面，留单边 0.3 mm 精加工余量； 主轴转速 n 为 400 r/min，进给量 f 为 0.15 mm/r	
精车内孔至尺寸，主轴转速 n 为 1 000 r/min，进给量 f 为 0.08 mm/r	
合格后取下工件	

五、思考与练习

编写如图 4-13 所示零件内孔的加工程序,已知毛坯尺寸为 $\phi 50\ \text{mm} \times 47\ \text{mm}$,材料为 45# 钢,并填写(表 4-8 至表 4-10)工艺文件。

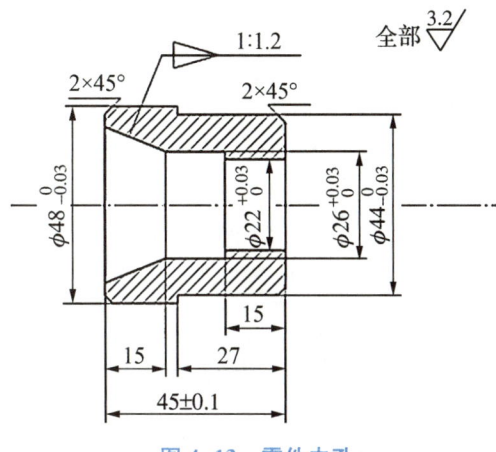

图 4-13 零件内孔

表 4-8 车削加工工艺卡

工步	工步内容	刀具号	刀具规格	主轴转速 (r/min)	进给速度 (mm/r)	背吃刀量 (mm/r)	备注

表 4-9 刀具卡

序号	刀具号	刀具规格	数量	加工表面	刀尖半径 (mm)	备注

表 4-10　程序加工卡

程序号	程序内容	程序说明

知识拓展

孔加工的定位基准确定及编程指令选择

一、粗基准的选择原则

（1）相互位置要求原则；
（2）加工余量合理分配原则；
（3）重要表面原则；
（4）不重复使用原则；
（5）便于工件装夹原则。

二、精基准的选择原则

（1）基准重合原则；
（2）基准统一原则；
（3）自为基准原则；
（4）互为基准原则；
（5）便于装夹原则。

三、辅助基准的选择

辅助基准是为了便于装夹或易于实现基准统一而人为制成的一种定位基准，如轴类零件加工所用的两个中心孔，它不是零件的工作表面，只是出于工艺上的需要才加工出的。

四、编程指令

对钻浅孔加工来说，可以应用 G01 指令；对于加工深且平行于 Z 轴的孔来说，可以应用 G74 指令；对于加工内部形状复杂的孔来说，除用以上指令外，常用的是 G71、G72、G73 等固定循环指令。

任务 4.3
带圆弧面回转体的编程与仿真

凸凹轴加工

任务描述

如图 4-14 所示工件，毛坯尺寸为 $\phi38$ mm×82 mm，材料为 45# 钢，试编写其数控车削加工程序并进行加工。

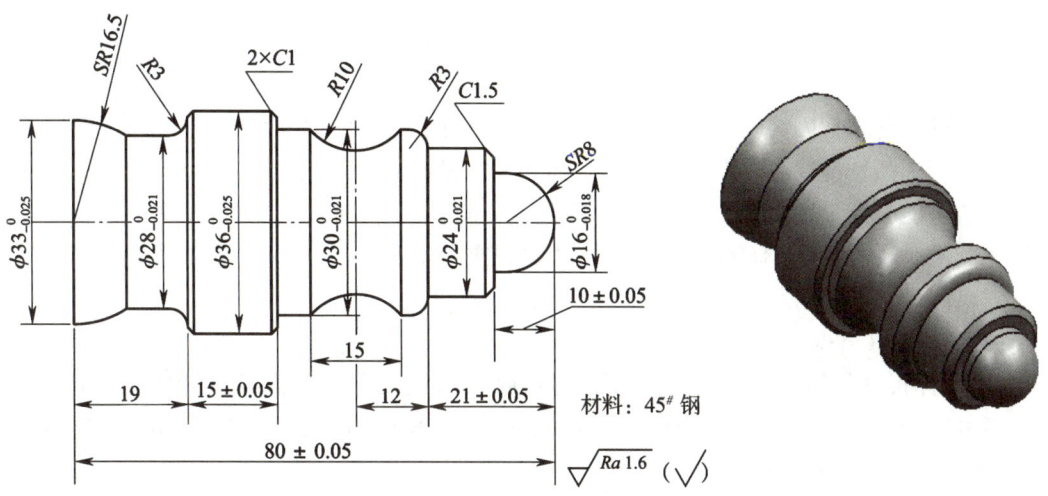

图 4-14　带圆弧面回转体零件

任务目标

知识目标
（1）正确理解 G73 指令段内部参数的意义、加工轨迹的特点；
（2）熟悉较复杂轮廓工件加工方案的确定方法，合理选择加工工艺路线。

能力目标
（1）掌握 G73 粗车循环指令格式，能根据加工要求合理确定各参数值；
（2）掌握 G73、G70 指令的编程方法及编程规则。

素质目标
（1）树立安全第一的意识，养成安全生产的习惯；

(2) 培养分析问题、解决问题的能力。

相关知识

一、数控加工中圆弧面的编程计算

数控加工中的有些零件的轴向剖面成曲线形,如各类手摇柄、单球手柄、双球手柄及一些简单工艺品等,具有这些特征的表面称为圆弧面(或称特性面)。

在数控车床上编程加工成型面零件时,对于简单回转体零件要通过结构图上的圆弧、圆心坐标等,利用勾股定理、三角函数、平面几何等相关数学计算得出基点坐标;对于复杂回转体零件的圆弧与圆弧相切、相交则要通过给定零件图的相关尺寸,采用解析几何列方程来求解。一些计算量特别大的复杂成型面,应使用CAM软件自动编程。

一些特殊复杂的圆弧面,可以在计算机上应用绘图软件(如AutoCAD等)精确绘出零件轮廓,然后利用软件的测量功能进行精确测量,即可得出各点的坐标值,便于后期编程计算。

三、车削圆弧的加工方法及走刀路线

1. 车锥法

在车削圆弧时,因为吃刀量太大,容易打刀,不可能一刀就把圆弧车好,可以先车一个圆锥,再车圆弧。但要注意车圆锥时起点和终点的确定,若确定不准确则可能损伤圆弧表面,也有可能将余量留得太大。如图4-15所示,可按$AC=BC=0.586R$的大小进行车圆锥,车圆锥时,加工路线不能超过AB线,否则就要损坏圆弧,当R不太大时,可取$AC=BC=0.5R$。对于较复杂的圆弧,用车锥法较复杂,可用车圆法。

2. 车圆法(同心圆)

对照样板,用圆形成形刀手动车削出球形面,这种方法精度不高,适合单件、小批量生产,但可以加工任意直径的球形面。如图4-16所示,车圆法就是用不同半径的圆来车削,最终将所需圆弧车削完成。

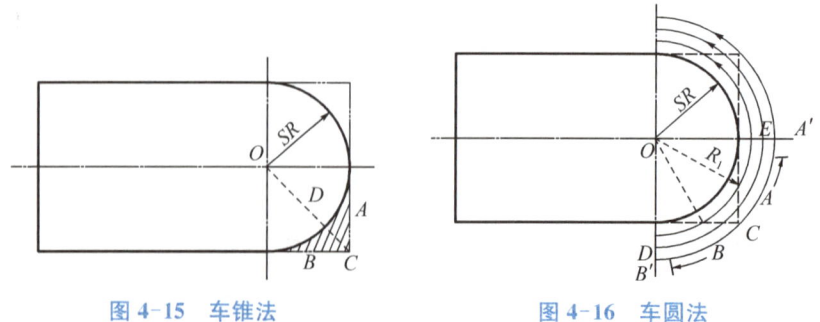

图4-15 车锥法　　　　图4-16 车圆法

3. 阶梯法

对于车削大余量工件,有两种加工路线,但如图4-17(a)所示的路线是错误的阶梯切削路线,按这种方式加工余量过多。图4-17(b)按1~5的顺序切削,每次切削余量相等,是正确的阶梯切削路线。

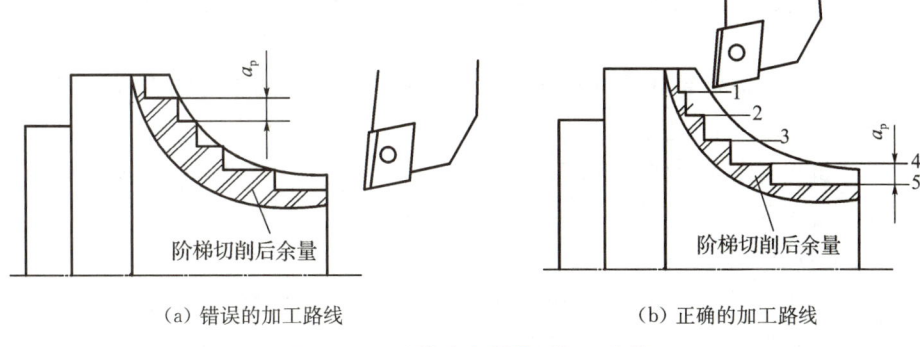

(a) 错误的加工路线　　　　　　(b) 正确的加工路线

图 4-17　阶梯法车削圆弧加工路线

四、刀具的选择

当用数控车床进行粗加工时,要求刀具强度高、耐用度好,以满足粗加工吃刀量大、进给速度高的要求,保证加工精度。

为方便对刀和减少刀具安装时间,尽量使用机夹刀,刀片材料最好选用涂层硬质合金刀片。特别要注意的是,在加工球面时要选择后角大的刀具,以免刀具的后刀面与工件产生干涉,如图 4-18 所示。

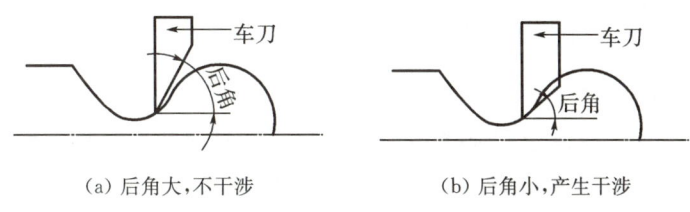

(a) 后角大,不干涉　　　　　　(b) 后角小,产生干涉

图 4-18　刀具的选择

五、编程指令

1. G02/G03 指令

格式:

G02　X(U)_Z(W)_R_(I_K_)F_;

G03　X(U)_Z(W)_R(I_K_)F_;

G02、G03 指令切削圆弧

说明:

(1) 用于圆弧插补,指令分为 G02 顺圆弧(逆时针)和 G03 逆圆弧(顺时针)。

(2) 在绝对值方式时,圆弧终点坐标是其在编程坐标系中的坐标值;在增量值方式时,是相对圆弧起点的增量值。

(3) 圆弧中心坐标是以 I、K 值为圆弧起点到圆弧圆心的矢量在 X、Z 方向的投影值。也就是说 I、K 值是圆心相对于圆弧起点的偏移值(圆心的坐标减去圆弧起点的坐标)。

(4) R 是圆弧半径,圆弧圆心角小于 180°时,R 为正值;否则 R 为负值;

(5) F 为进给速度,用该指令编程时,可以自动过象限,但不得超过 180°。

注意:

(1) 顺时针或逆时针是从垂直于圆弧所在平面的坐标轴的正方向看到的回转方向,前置刀架与后置刀架正好相反;

(2) 整圆编程时不可以使用 R,只能用 I、K;

(3) 同时编入 R 与 I、K 时,R 有效。

2. 顺时针与逆时针的判别

前置刀架圆弧插补指令如图 4-19(a)所示,但后置刀架数控车床的刀架在操作者与 Z 向轴线的外面,其圆弧插补指令的设定正好与之相反,如图 4-19(b)所示。

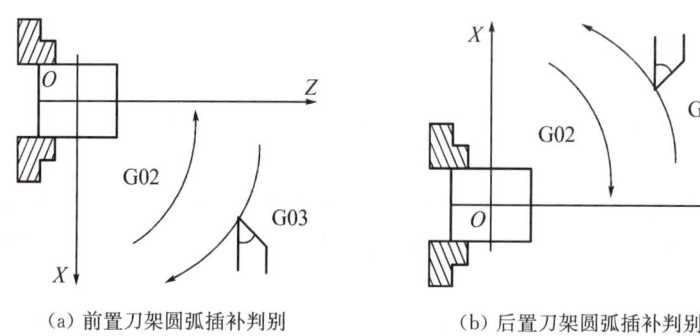

(a) 前置刀架圆弧插补判别　　(b) 后置刀架圆弧插补判别

图 4-19　G02/G03 判别

2. G73 粗车循环指令

G73 指令适合加工形状已经基本成型,只是外径、长度较成品大一些的零件,也可用于加工未切除余料的棒料毛坯,特别是用来加工有内凹结构的工件。

粗加工闭合复合循环编程指令 G73

格式:

G73　U(Δi)　W(Δk)　R(d);

G73　P(n_s)　Q(n_f)　U(Δu)　W(Δw)　F＿S＿T＿;

N n_s……;
N n_f……; ｝(用以描述精加工轨迹)

其中:

(1) Δi 为 X 轴方向总退刀量或是粗切时径向切除的总余量(半径值、正值)。

(2) Δk 为 Z 轴方向总退刀量或是粗切时轴向切除的总余量(正值)。

(3) d 为粗切次数。

(4) n_s 为精加工形状程序段中的开始程序段号。

(5) n_f 为精加工形状程序段中的结束程序段号。

(6) Δu 为 X 轴方向的精加工余量,取 0.2 mm～0.5 mm。

(7) Δw 为 Z 轴方向的精加工余量,取 0.05 mm～0.1 mm。

(8) F 指定进给量,单位为 mm/r。

(9) S 指定主轴转速,单位为 r/min。

(10) T 指定刀具号。

X 轴方向总退刀量用半径表示,当向 X 轴方向退刀时,该值为正,反之为负。i 与 k 值是刀具第一刀车削时退离工件的距离,即刀具从循环点提升的单边距离,确定 i 与 k 值应该参考毛坯的粗加工余量大小,保证第一次车削时就有合理的切屑深度,车削出屑,防止空走刀。

i 的表达式为

$$i = X\text{ 轴粗加工余量} - \text{每次单边吃刀深度}$$

或

$$i = \frac{\text{待加工表面毛坯最大直径} - \text{待加工表面精车前最小直径}}{2} - a_p$$

k 的表达式为

$$k = Z\text{ 轴粗加工余量} - \text{每次 } Z \text{ 轴向切削深度}$$

G73 指令加工路线如图 4-20 所示,C 点是循环点。

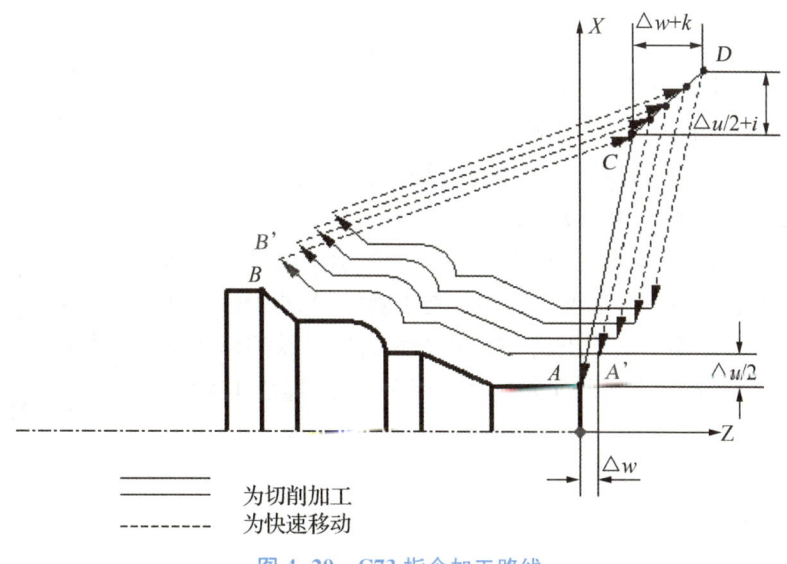

图 4-20 G73 指令加工路线

六、测量方法

1. 目测

目测是在球面加工后,根据已加工表面的切削"纹路"来判断球面几何形状精度的一种测量方法。如果切削"纹路"是交叉状的,即表明球面形状是正确的;如果切削"纹路"是单向的,则表明球面的形状不正确。由于这种方法是以球面加工原理为基础,因而既简便又实用,特别适用于加工过程中的检测。

2. 用圆孔端面检测

在实际生产中,也可用小于球径的垫圈或套筒来检测球面的几何形状。检测时,可将垫圈或套筒端面的内圈(外圈)与外球面(内球面)的测量部位贴合,并观察其缝隙大小,可较简便地测出球面的形状精度,如图 4-21(a)所示。垫圈的直径不宜过小,一般可取 $SR1.5$ 左右。

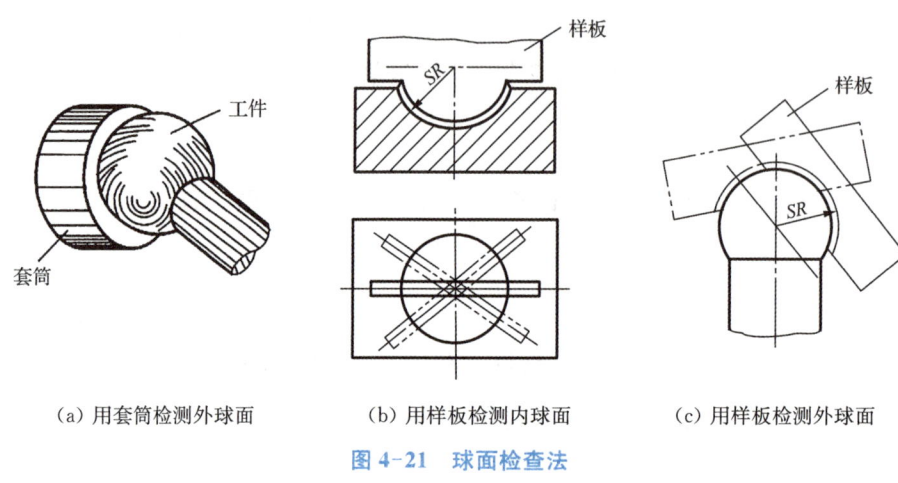

(a)用套筒检测外球面　　(b)用样板检测内球面　　(c)用样板检测外球面

图 4-21　球面检查法

3. 用样板检测

用样板检测球面的方法如图 4-21(b)、(c)所示。检测时,应注意使样板中平面通过球心,以减少测量差。用样板检测是以样板测量面与球面之间的缝隙大小来判断球面的精度。

4. 用内径量表(或千分尺)检测

用内径量表检测内球面的方法如图 4-22 所示。如果被测球面各个方向的直径都相等,显然球面形状是正确的;若测得的数据偏差较大,则表明球面形状不正确。采用这种方法,在检测球面形状的同时也测量了球面直径的实际尺寸。用千分尺测量外球面的情况也如此。

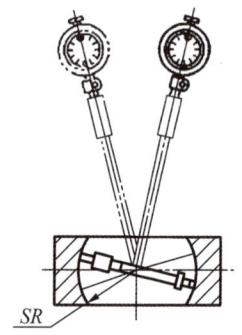

图 4-22　用内径量表检测内球面

任务实施

一、分析零件图样

本任务待加工的回转件零件由多段轮廓构成,结构复杂,其中 $R10$ 的圆弧和 $R16.5$ 的圆弧无法用 G71 循环指令进行加工。根据技术要求可知表面质量要求较高,因此对刀具及切削用量的选择要求也较高,另外轮廓多处圆弧,台阶轴的地方相对较少,因此对装夹的要求较高。综合来看,主要技术要求体现如下:

（1）用三爪自定心卡盘夹持，调头时必须装夹台阶轴部分。

（2）由于圆弧深度较大，用 90°外圆车刀必须选用尖刀，且刀尖角不能大于 15°。

（3）必须使用 G73 循环指令加工且多次进刀中每次进刀量均不同，必须控制最大切深。

（4）切入点不能选在工件原点，要选在毛坯外，以避免产生刀具干涉。

（5）由于零件轮廓复杂，且表面质量要求较高，除选择合适的切削用量之外，刀具尽量选用机夹刀，精加工余量不宜太小。

二、分析加工工艺

1. 编程原点的确定

编程原点位于端面中心处。

2. 制定加工方案及加工路线

本任务采用两次装夹完成。如图 4-24 所示，一次装夹用 G73、G70 循环依次完成左端球面、$\phi 28$ mm 外圆、$R3$ 圆角、$C1$ 倒角及 $\phi 36$ mm 外圆加工。掉头装夹后，先用 G71、G70 循环完成工件右端外轮廓加工，再用 G73、G70 循环完成凹弧加工。

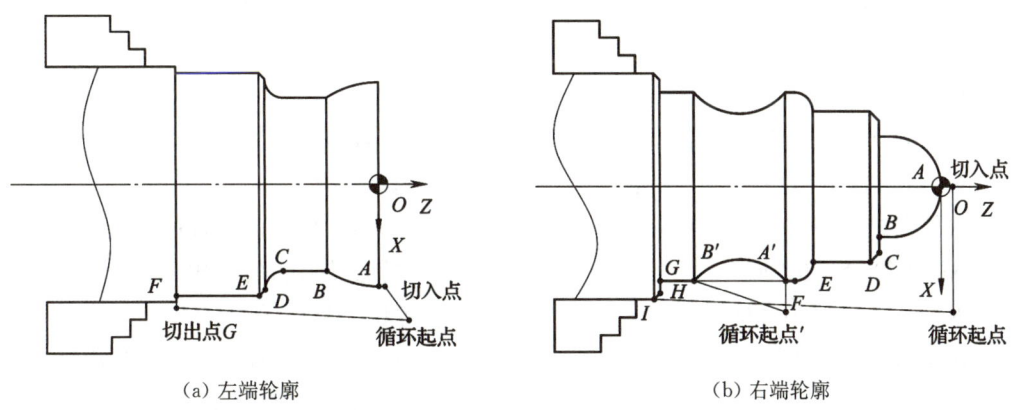

图 4-24 精加工路线

三、编写程序

1. G73 循环参数的设定

1）X 轴方向毛坯切除余量 Δi

左端外形轮廓加工中，$\Delta i = (38-28)/2 = 5 (\text{mm})$。

右端凹弧加工（图 4-25）中，

$$\begin{aligned} \Delta i &= C'D' = O'D' - O'C' \\ &= O'D' - \sqrt{(O'A')^2 - (A'C')^2} \\ &= 10 - \sqrt{10^2 - 7.5^2} = 3.38 (\text{mm}) \end{aligned}$$

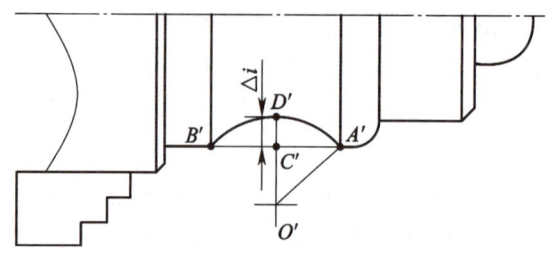

图 4-25 右端凹弧加工

2) Z 轴方向毛坯切除余量 Δk

根据工件内凹结构的特点，为防止过切，Z 轴方向毛坯切除余量 Δk 取值为 0，即仅 X 向递进切入。

3) 粗切循环次数 d

粗切循环次数可由公式 $d=($X 轴方向毛坯切除余量 $\Delta i -$ 精加工余量 $\Delta u)/$ 单边切深 a_p 估算。

左端外形轮廓加工中，$d=\Delta i/a_p=(5-0.5)/1.5=3$（次）

右端凹弧加工中，$d=\Delta i/a_p=(3.38-0.5)/1.5\approx 2$（次）

2. 加工程序

(1) 工件左端加工程序。

O0002；	
N10 G99 G40 G21 G18；	程序初始化
N20 G28 U0 W0；	回参考点
N30 T0101；	换 1 号刀，取 1 号刀补
N40 M03 S500 M08；	主轴正转，切削液开
N50 G00 X45.0 Z2.0；	定位至循环起点
N60 G73 U5.0 R3；	粗车循环参数的设定，切削用量
N70 G73 P80 Q160 U0.5 W0 F0.15；	三要素中背吃刀量为半径值
N80 G00 X33.0 Z2.0 S1000；	
N90 G01 Z0 F0.08；	
N100 G03 X28.0 Z-8.73 R16.5；	
N110 G01 Z-16.0；	精加工轨迹描述：直达轮廓。无加工余量
N120 G02 U6.0 W-3.0 R3.0；	
N130 G01 U2.0 W-1.0；	
N140 Z-35.0；	
N150 X39.0；	
N160 G00 X45.0 Z2.0；	
N170 G70 P80 Q160；	精车循环
N180 G28 U0 W0；	程序结束部分
N190 M05 M09；	

N200 M30；

(2) 工件右端加工程序。

程序	说明
O0002；	
N10 G99 G40 G21 G18；	程序初始化
N20 G28 U0 W0；	回参考点
N40 T0202；	换2号刀,取2号刀补
N50 M03 S500 M08；	主轴正转,切削液开
N60 G00 X39.0 Z2.0；	定位至循环起点
N70 G71 U2.0 R0.5；	粗车循环参数设定
N80 G71 P90 Q190 U0.5 W0.2	
N90 G00 X0 S1000；	"ns"程序段只能沿 X 轴方向进刀,确定精加工转速为 1 000 r/min,进给速度为 0.1 mm/r
N100 G01 Z0 F0.1；	
N110 G03 X16.0 Z-8.0 R8.0	
N120 G01 Z-10.0；	
N130 X21.0；	
N140 X24.0 Z-11.5；	
N150 Z-21.0；	精加工轨迹描述
N160 G03 X30.0 Z-24.0 R3.0	
N170 G01 Z-46.0；	
N180 X34.0；	
N190 G01 X36.0 Z-47.0；	
N200 G70 P90 Q190；	精车循环
N210 G00 X100.0 Y100.0；	退刀,换1号刀,取1号刀补
N220 T0101；	
N230 G00 X40.0 Z-25.5 S500；	定位至循环起点
N240 G73 U3.38 W0 R2；	粗车循环参数设定
N250 G73 P260 Q280 U0.5 W0 F0.15；	
N260 G01 X30.0 S1000；	
N270 G02 Z-40.5 R10.0 F0.08；	精加工轨迹描述
N280 G00 X40.0 Z-25.5；	
N290 G70 P260 Q280；	精车循环
N300 G28 U0 W0；	
N310 M05 M09；	程序结束
N320 M30；	

四、零件仿真加工

零件的仿真加工操作步骤,见表 4-11。

表 4-11　带圆弧面回转体零件仿真加工的操作步骤

步骤	图例
夹住毛坯外圆，伸出长度约 40 mm，找正后夹紧	
对刀设定并验证刀补	
粗、精车 SR16.5 mm 圆弧、ϕ28 mm 外圆、R3 圆角、C1 倒角、ϕ36 mm 外圆至尺寸；粗车时主轴转速 n 为 500 r/min，进给量 f 为 0.15 mm/r；精车选择主轴转速 n 为 1 000 r/min，进给量 f 为 0.08 mm/r	
掉头夹住 ϕ36 mm 外圆，工件伸出卡盘端面外约 50 mm，手动车端面保证总长 80 mm；主轴转速 n 为 500 r/min，进给量 f 为 0.1 mm/r	

（续表）

步骤	图例
对刀设定并验证刀补	
粗、精车 SR8 圆弧、ϕ16 mm 外圆、C1.5 倒角、ϕ24 mm 外圆、R3 圆角、ϕ30 mm 外圆、C1 倒角至尺寸；粗车时主轴转速 n 为 500 r/min，进给量 f 为 0.2 mm/r；精车选择主轴转速 n 为 1 000 r/min，进给量 f 为 0.1 mm/r	
粗、精车 R10 凹圆弧；粗车时主轴转速 n 为 500 r/min，进给量 f 为 0.15 mm/r；精车选择主轴转速 n 为 1 000 r/min，进给量 f 为 0.08 mm/r	
合格后取下工件	

五、实际生产中产生的问题分析

数控车削加工形位精度及误差分析,见表 4-12。

表 4-12 生产问题分析

影响因素	产生原因
装夹与校正	工件装夹不牢固,加工过程中产生松动与振动
	夹紧力过大,产生弹性变形,切削完成后变形恢复
	工件校正不正确,造成加工面与基准面不平行或不垂直
刀具	刀具刚度差,刀具加工过程中产生振动
	对刀不正确,产生位置精度误差
加工	切削深度过大,导致刀具发生弹性变形,加在面呈锥形
	切削用量选择不当,导致切削力过大,而产生工件变形
工艺系统	夹具本身的精度误差
	车床几何误差
	工件定位不正确或夹具与定位元件制造误差

六、思考与练习

编写图 4-26 所示凹凸轴零件的加工程序,并填写表 4-13 至表 4-15 工艺文件。

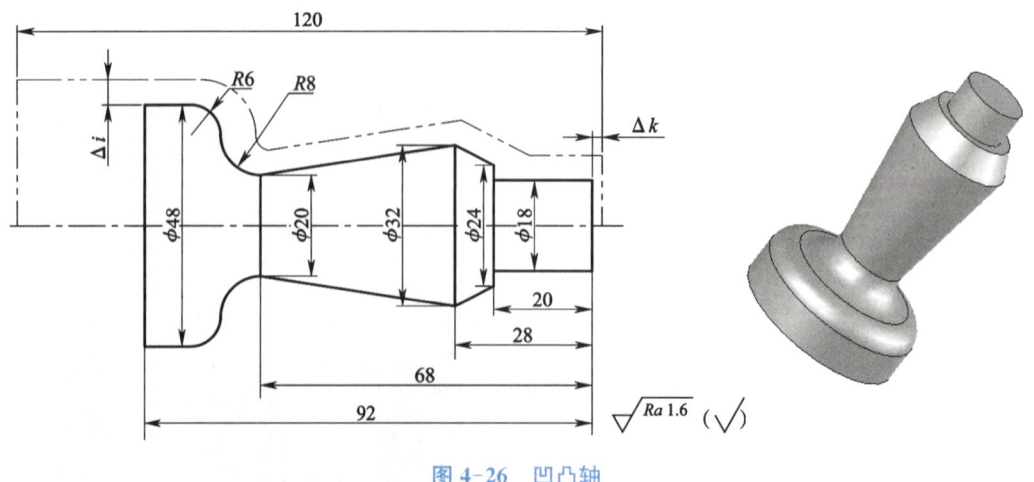

图 4-26 凹凸轴

表 4-13　车削加工工艺卡

工步	工步内容	刀具号	刀具规格	主轴转速 (r/min)	进给速度 (mm/r)	背吃刀量 (mm/r)	备注

表 4-14　刀具卡

序号	刀具号	刀具规格	数量	加工表面	刀尖半径 (mm)	备注

表 4-15　程序加工卡

程序号	程序内容	程序说明

项目 5

复杂回转体零件编程与仿真

本项目介绍复杂回转体零件的编程与仿真,相比前面项目的内容,多了螺纹及内沟槽的加工。本项目主要介绍三角螺纹的基本参数及相关尺寸计算法,螺纹 G92 加工指令及应用,螺纹加工的切削参数,G76 复合切削循环指令的基本格式及 G76 指令的应用方法,内沟槽及内螺纹的加工方法,同时介绍如何编写内沟槽、内螺纹加工程序。

任务 5.1 带窄槽零件编程与仿真

外槽轴的
零件加工

如图 5-1 所示工件,毛坯尺寸为 $\phi 70\ mm \times 65\ mm$,材料为 HT150 灰口铸铁,外形轮廓加工已完成,试编写工件上均布梯形槽的数控车削加工程序并进行加工。

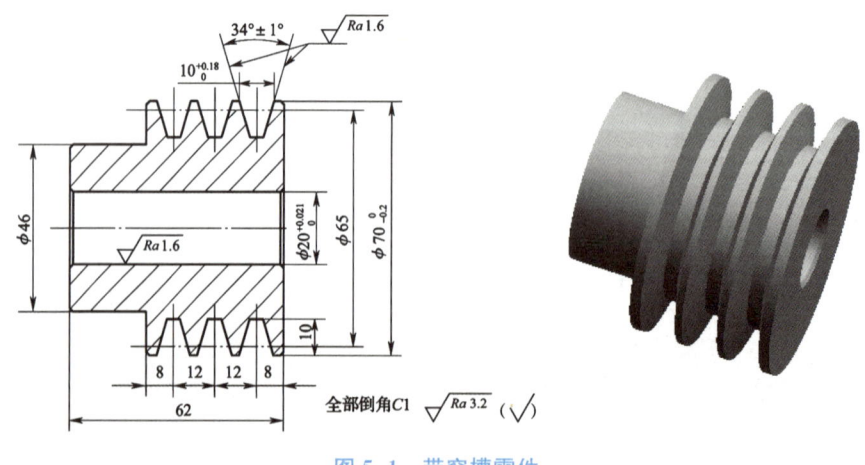

图 5-1 带窄槽零件

本任务待加工的梯形槽尺寸较大,且表面粗糙度要求较高,不宜采用成形刀一次完成。在数控加工中通常选择刃宽等于或略小于槽底宽的切槽刀,先切直槽,再用切槽刀左右切削车出两侧斜面。本任务中三处均布梯形槽的形状、大小完全一样,采用子程序调用编程可以达到简化编程的目的。

任务目标

知识目标
(1) 熟悉切槽加工中的相关工艺知识;
(2) 能运用 G00、G01 指令及子程序调用编写外槽加工程序;
(3) 掌握 G04 指令的应用条件。

技能目标
(1) 掌握外槽零件加工程序的编制方法;
(2) 掌握外槽零件加工方法;
(3) 能根据加工要求合理确定加工方案和加工路线。

素质目标
(1) 培养分析和解决问题的能力;
(2) 培养沟通能力及团队协作精神;
(3) 培养质量意识、安全意识和环境保护意识。

相关知识

一、切槽加工方法

槽的类型有单槽、多槽、宽槽、深槽及异形槽。加工时可能会是几种形式的叠加,如多槽可能有宽槽、深槽和异形槽。

1. 宽度、深度值相对较小,且精度要求不高的槽

对于宽度、深度值相对较小,且精度要求不高的槽,可选用与槽宽一样的刀具,使用直接切入、一次成形的方法加工,如图 5-2 所示。利用延时指令 G04,刀具切入到槽底后短暂停留,以修整槽底圆柱度,退出时可采用切削进给速度。

G04 指令格式:G04 X(P)*m*;

m 为刀具暂停的时间,采用地址符 X 编程时,单位为 s;采用地址符 P 编程时,单位为 ms。例如,刀具暂停时间为 2 s 则可以编程为"G04 X2.0;"或"G04P2000;"。

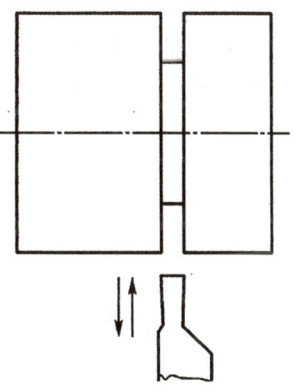

图 5-2 直接切入加工方法

2. 宽度值不大但深度值较大的深槽

为了避免切槽过程中由于排屑不顺利,使刀具前部压力过大出现扎刀和折断刀具的

现象,应采用分次进刀的方式。刀具在切入工件一定深度后,停止进刀并回退一段距离,达到断屑和退屑的目的,如图 5-3 所示。同时,注意尽量选择强度较高的刀具。

3. 宽槽

通常把大于一个切刀宽度的槽称为宽槽,宽槽的宽度、深度的精度要求及表面质量相对较高。在切削宽槽时常采用排刀的方式进行粗切,再用精切槽刀沿槽的一侧切至槽底,精加工槽底至槽的另一侧面,如图 5-4 所示。

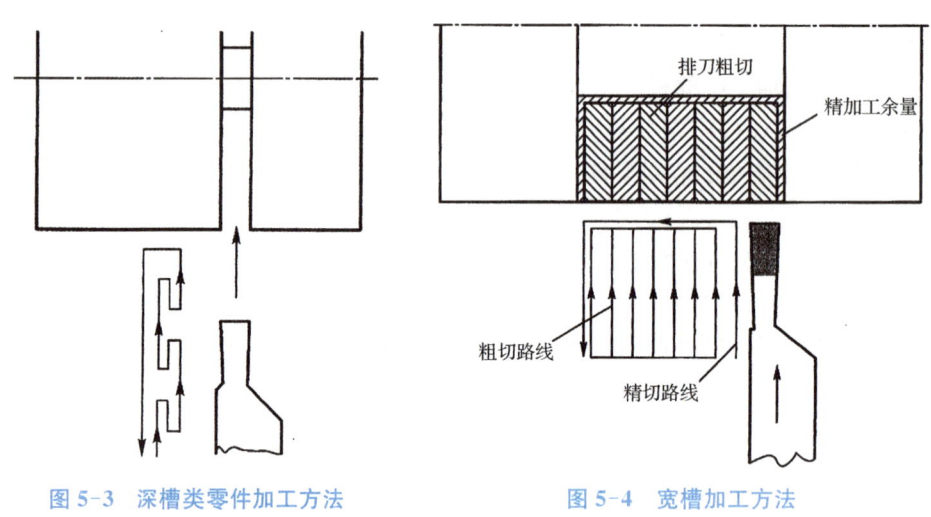

图 5-3 深槽类零件加工方法　　图 5-4 宽槽加工方法

二、G01 指令切槽

1. 退刀槽的切削

退刀槽是轴类零件上典型的矩形沟槽,精度不高且宽度较窄,一般采用刃宽等于或略小于槽宽的切槽刀,采用直进法切出。

1) 车削加工路线

车削加工退刀槽时,确定切槽刀的左刀尖为刀位点,在切槽的同时将槽右侧倒角同时切出,如图 5-5 所示。

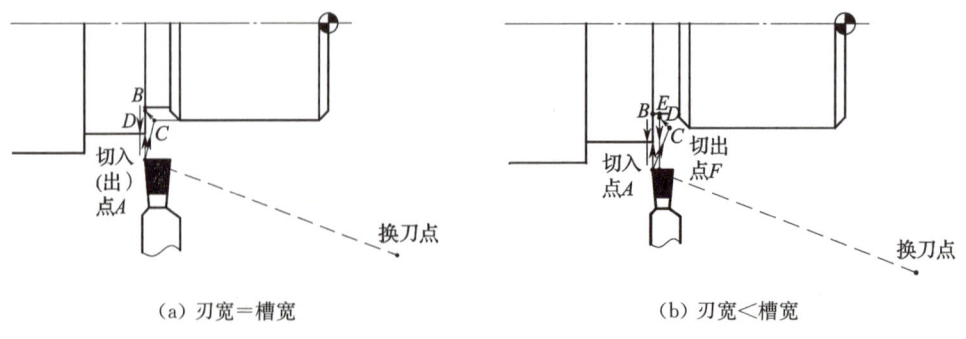

(a) 刃宽=槽宽　　　　　　　　(b) 刃宽<槽宽

图 5-5 退刀槽加工路线

2) 编程实例

如图 5-6 所示工件上螺纹退刀槽(含槽右侧 C1.5 倒角)其加工程序具体如下。

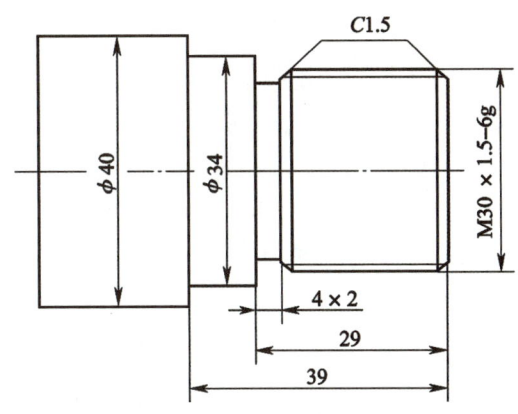

图 5-6 螺纹退刀槽

O0001;	左刀尖为刀位点
……	外形轮廓加工程序(略)
G00 X100.0 Z100.0;	回换刀点
T0202;	外切槽刀,刃宽为 3 mm
G00 X41.0 Z-29.0 S400 M03;	定位至切入点
G01 X26.0 F0.1;	切槽至槽宽 3 mm,进给量 0.1 mm/r
G04 X2.0;	槽底暂停
G01 X41.0 F1.0;	退出
G01 X30.0 Z-26.5 F1.0;	定位至倒角起点
G01 X27.0 Z-28.0 F0.1;	倒角
X26.0;	切至槽底
G01　X41.0 F1.0;	退出
G00　X100.0 Z100.0;	
M05	
M30;	

(1) 在保证进、退刀安全的前提下,考虑提高加工效率,切入点 X 轴坐标取值略大于槽两侧较大一处外圆直径即可。

(2) 倒角起点 C 点的 X 轴坐标取螺纹公称直径,Z 轴坐标按该点轴向位置平移刃宽值来确定。

2. 梯形槽的切削

通常采用刃宽等于或略小于槽底宽的切槽刀,先切直槽,再用切槽刀左右刀尖车出两侧斜面。

1) 车削加工路线

梯形槽的车削加工路线如图 5-7 所示。

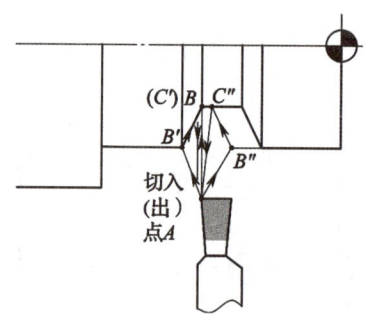

图 5-7 梯形槽加工路线

2）编程实例

如图 5-8 所示工件的外形轮廓加工已完成，工件上梯形槽的加工程序如下。

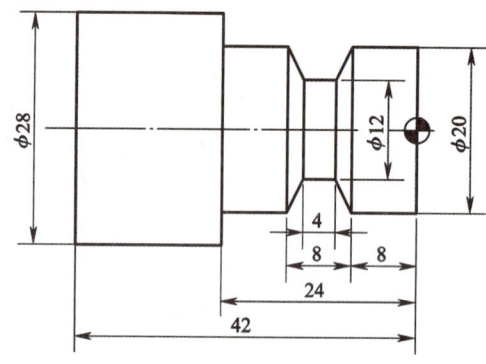

图 5-8 实例零件

O0002;	左刀尖为刀位点
……	外形轮廓加工程序（略）
G00 X100.0 Z100.0;	回换刀点
T0202;	外切槽刀，刃宽为 3 mm
G00 X29.0 Z-14.0;	定位至切入点
G01 X12.0 F0.1;	切槽至槽宽 3 mm，进给量 0.1 mm/r
G04 X2.0;	槽底暂停
G01 X29.0 F1.0;	退出
G01 X20.0 Z-16.0 F1.0;	进刀至左侧斜面加工起点
G01 X12.0 Z-14.0 F0.1;	切左侧斜面，并退刀
X29.0 F1.0;	
G01 X20.0 Z-11.0 F1.0;	进刀至右侧斜面加工起点
G01 X12.0 Z-13.0 F0.1;	切右侧斜面，并退刀
X29.0 F1.0;	

G00 X100.0 Z100.0；
M05
M30；

3. 进退刀路线的确定

进刀路线首先是确定刀具的起刀点，在切入过程中 X 轴方向不能以零件为参照，一定要以毛坯为参照点，并且要高于毛坯 5 mm 左右。Z 轴方向则以零件图样尺寸为标准进行进刀。退刀路线的选用原则：先退 X 轴方向后退 Z 轴方向，如图 5-9 所示。

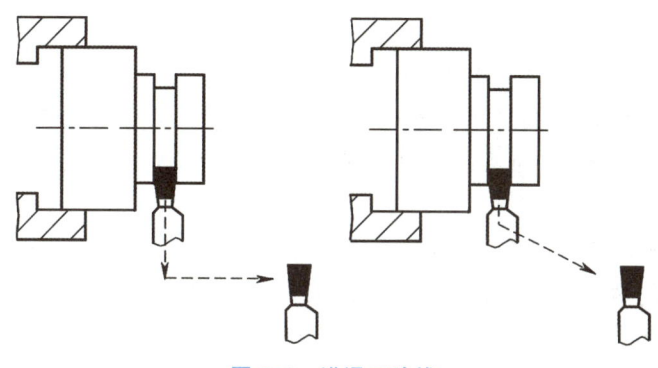

图 5-9　进退刀路线

三、子程序编程切多槽

1. 子程序的概念

在一个加工程序的若干位置上，如果包括一连串在写法上完全相同或相似的内容，为了简化程序编制，可以将零件上若干处相同的轮廓形状的重复的程序段单独抽出，编写出该轮廓形状的程序，这个程序即为子程序。

子程序及其调用指令

需要处理这部分轮廓形状时就调用该程序，调用子程序的程序称为主程序。在主程序中出现子程序执行指令时，执行子程序。当子程序执行完毕时，返回主程序继续执行。

2. 子程序的嵌套

子程序的嵌套过程如图 5-10 所示。

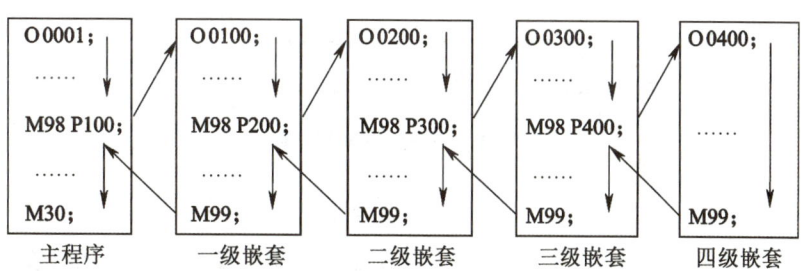

图 5-10　子程序的嵌套

3. 子程序的调用

1) 子程序的格式

子程序和主程序在程序号及程序内容方面基本相同,仅结束标记不同。主程序用 M02 或 M30 表示其结束,而子程序在 FANUC 系统中则用 M99 表示其结束,并实现自动返回主程序功能,子程序示例如下。

O0501;

G01 U-1.0 W0;

G28 U0 W0;

M99;

2) 子程序在 FANUC 系统中的调用

在 FANUC 系统中,子程序的调用可通过辅助功能指令 M98 指令进行,同时在调用格式中将子程序的程序号地址符改为 P,其常用的子程序调用格式有 2 种。

(1) 格式一:M98 P×××× L××××;

示例:M98 P100 L5;

地址符 P 后的数字为子程序号,地址符 L 后的数字表示重复调用的次数,子程序号及调用次数前的 0 可省略。如果只调用子程序一次,则地址符 L 及其后的数字可省略。

(2) 格式二:M98 P××××××××;

示例:M98 P50010;

地址符 P 后的 8 位数字中,前 4 位表示调用次数,后 4 位表示子程序号,采用这种调用格式时,调用次数前的 0 可以省略,但子程序号前的 0 不可省略。

注意:同一系统中,两种子程序调用格式不能混合使用。

4. 编程示例

用子程序调用编写如图 5-11 所示工件上三处外径槽的加工程序如下。

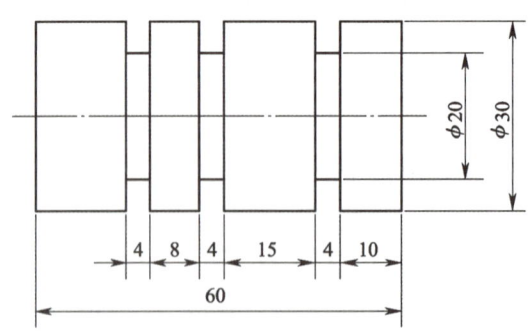

图 5-11 三处外径槽工件

O0003;   主程序

T0202;   刀宽为 4 mm 的外切槽刀,左刀尖为刀位点

G00 X31.0 Z-14.0 S400 M03 M08; 定位至第一槽起始位置

M98 P5001;   调用子程序切第一个槽

```
G00 W-19.0；              第二个槽起始位置
M98 P5001；
G00 W-12.0；              第三个槽起始位置
M98 P5001；
G00 X100.0 Z100.0；       退刀
M30；
O5001；                   切槽子程序
G01 X20.0 F0.1；
G04 X1.0；
G01 X31.0 F1.0；
M99；
```

◆ 任务实施

切槽刀
的对刀

一、分析零件图样

三处槽定位尺寸分别为 8 mm、12 mm 和 12 mm，对尺寸精度要求不高。在加工中应安排精加工工序，分粗、精加工完成。

二、分析加工工艺

1. 制定加工方案及加工路线

1）粗切梯形槽

根据槽底宽度尺寸，选用刀宽 3 mm 的切槽刀，先切直槽，再用切槽刀左右刀尖车出两侧斜面并各留 0.5 mm 的精加工余量，最后精车两侧面，如图 5-12 所示。粗切梯形槽基点坐标见表 5-1。

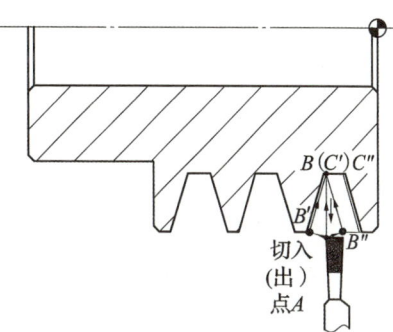

图 5-12 粗切梯形槽加工路线

表 5-1 粗切梯形槽基点坐标

加工阶段	基点	坐标值	加工图
切直槽	切入点 A	72.0，-9.5	
	B	50，-9.5	
	切出点 A	72.0，-9.5	

（续表）

加工阶段	基点	坐标值	加工图
切左侧斜面	切入点 A	72.0，−9.5	
	B′	70.0，−12.5	
	C′	50.0，−9.5	
	切出点 A	72.0，−9.5	
切右侧斜面	切入点 A	72.0，−9.5	
	B″	70.0，−6.5	
	C″	50.0，−9.5	
	切出点 A	72.0，−9.5	

2）精车槽侧面

切槽加工轨迹如图 5-13 所示。精车槽侧面基点坐标，见表 5-2。

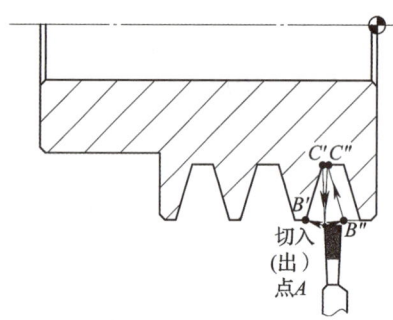

图 5-13　精车槽侧面加工路线

表 5-2　精车槽侧面基点坐标

加工阶段	基点	坐标值	加工图
切左侧斜面	切入点 A	72.0，−9.5	
	B′	70.0，−13.0	
	C′	50.0，−9.94	
	切出点 A	72.0，−9.5	
切右侧斜面	切入点 A	72.0，−9.5	
	B″	70.0，−6.5	
	C″	50.0，−9.06	
	切出点 A	72.0，−9.5	

提示：切右侧斜面时，基点 Z 轴方向坐标值用刀位点（左刀尖）的位置确定，即为右侧斜面起点、终点位置向左偏移一个刃宽。

2. 选择刀具及切削用量

本任务刀具可选用焊接式普通车刀（刃宽 3 mm），或机械夹固式切断（槽）刀，刀柄型号 QA2525R03、刀片型号 Q03，如图 5-14 所示。

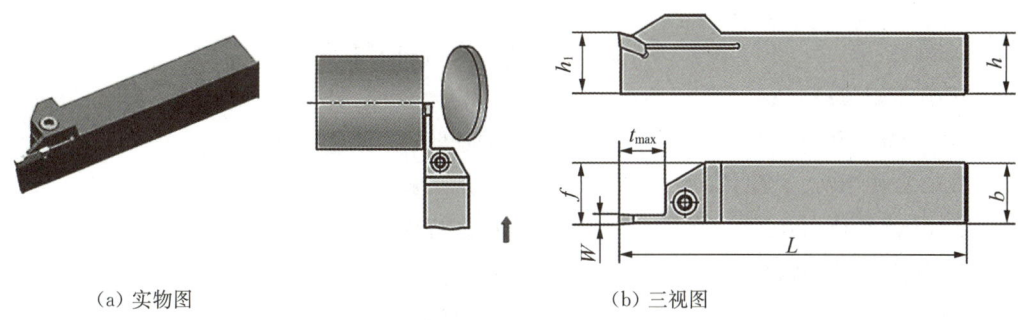

(a) 实物图　　　　　　　　　　(b) 三视图

图 5-14　机械夹固式切断刀

三、编写程序

程序	说明
O5010；	梯形槽粗加工主程序
……	加工外形轮廓，加工程序（略）
N90 G00 X100 Z100；	回换刀点
N100 T0202；	换 2 号外切槽刀，刃宽 3 mm
N110 M03 S400 M08；	主轴正转，切削液开
N120 G00 X72.0 Z-9.5；	定位至第一槽的切入点
N130 M98 P0010；	调用子程序切槽
N140 G00 W-12.0；	定位至第二槽的切入点
N150 M98 P0010；	调用子程序切槽
N160 G00 W-12.0；	定位至第三槽的切入点
N170 M98 P0010；	调用子程序切槽
N180 G28 U0 W0；	回参考点
N190 M09；	主轴停转
N200 M30；	程序结束
O0010；	梯形槽粗加工子程序
N10 G01 U-22.0 F0.1；	切槽至槽宽 3 mm
N20 G04 X1.0；	槽底暂停 1 s
N30 U22.0 F1.0；	退刀
N40 U-2.0 W-3.0 F1.0；	进刀至槽左侧斜面加工起点
N50 U-20.0 W3.0 F0.1；	切槽左侧斜面

N60 U22.0 F1.0；	退刀
N70 U-2.0 W3.0 F1.0；	进刀至槽右侧斜面加工起点
N80 U-20.0 W-3.0 F0.1；	切槽右侧斜面
N90 U22.0 F1.0；	退刀
N100 M99；	子程序结束
O5011；	梯形槽精加工主程序
N10 T0202；	
N20 M03 S08；	主轴正转，切削液开
N30 G00 X72.0 Z2.5；	切槽加工起点
N40 M98 P0020 L3；	调用子程序三次切均布槽
N50 G28 U0 W0；	回参考点
N60 M09；	主轴停转
N70 M30；	程序结束
O0020；	梯形槽精加工子程序
N10 G00 W-12.0；	定位至切入点
N20 G01 U-20 W-3.5 F1.0；	进刀至槽左侧斜面加工起点
N30 U-20.0 W3.06 F0.08；	切槽左侧斜面
N40 U22.0 W0.44 F1.0；	退刀
N50 U-2.0 W3.5 F1.0；	进刀至槽右侧斜面加工起点
N60 U-20.0 W-3.06 F0.08；	切槽右侧斜面
N70 U22.0 W-0.44 F1.0；	退刀
N80 M99；	子程序结束

四、零件仿真加工

零件的仿真加工操作步骤见表 5-3。

表 5-3　带窄槽零件仿真加工的操作步骤

步骤	图例
子程序调用粗切第一处梯形槽：切直槽，主轴转速 n 为 400 r/min，进给量 f 为 0.1 mm/r	

(续表)

步骤	图例
切左侧斜面	
切右侧斜面	
粗切第二处梯形槽	
粗切第三处梯形槽	
精车三处梯形槽两侧斜面：主轴转速 n 为 800 r/min，进给量 f 为 0.08 mm/r	

（续表）

步骤	图例
粗、精镗孔至 ϕ20 mm	
合格后取下工件	

注意：粗切槽时，应确保三处槽的位置正确；精车时，应注意保证尺寸精度及槽侧的表面粗糙度要求。

五、外槽的检测

数控加工中，根据外槽工件批量大小及精度要求的高低不同，可选用千分尺、样板和游标卡尺检测，如图 5-15 所示。

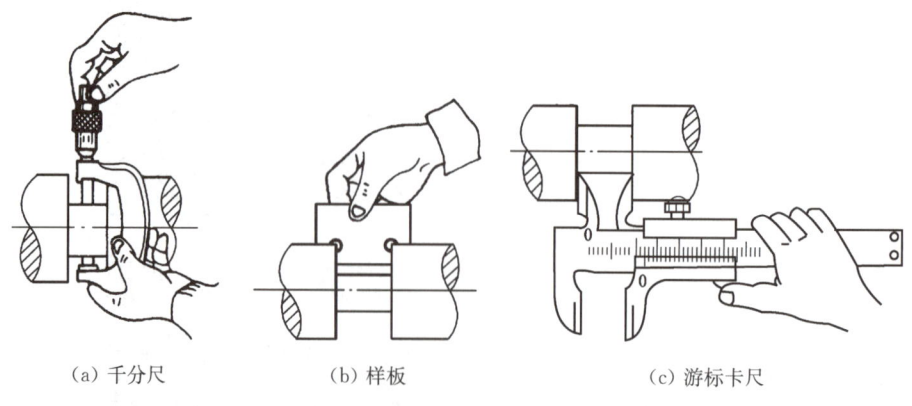

(a) 千分尺　　　　(b) 样板　　　　(c) 游标卡尺

图 5-15　外槽检测工具

本任务中外槽的要求分为尺寸要求和形状要求。其中尺寸要求分别为 8 mm 和 12 mm 两个尺寸，经测量零件完全符合要求。形状要求也完全达到要求，因为任务准备了完整的梯形成形刀具，切削用量也合适，因此达到了加工的理想效果。

但是实际加工中我们很多时候会遇上切槽质量问题,具体原因见表5-4。

表 5-4 切槽加工误差原因分析

误差现象	产生原因
槽底倾斜	刀具安装不正确
槽的侧面呈现凹凸面	刀具刃磨角度不对称
	刀具刃磨前小后大
	刀具安装角度不对称
	刀具两刀尖磨损不对称
槽底出现振动现象,有振纹	工件安装不正确
	刀具刚性差或刀具伸出太长
	切削用量选择不当,导致切削力过大
切削过程中出现扎刀现象	刀具刃磨参数不正确
	槽底的程序延时时间太长
	进给量过大
	切削阻塞
槽直径或槽宽尺寸不正确	对刀不正确
	刀具磨损或修改刀具磨损参数不当
	编程出错

六、思考与练习

编写如图 5-16 所示零件的加工程序,毛坯 ϕ 50 mm×120 mm,并填写表 5-5 至表 5-7 工艺文件。

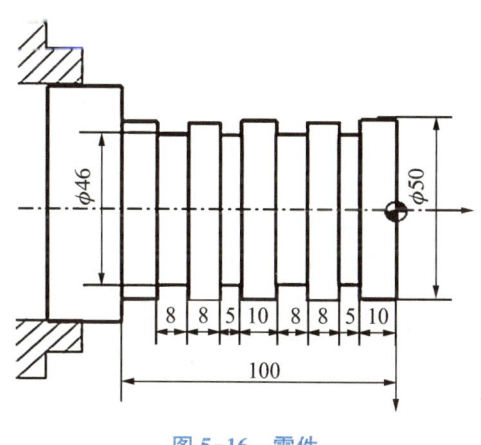

图 5-16 零件

表 5-5　车削加工工艺卡

工步	工步内容	刀具号	刀具规格	主轴转速(r/min)	进给速度(mm/r)	背吃刀量(mm/r)	备注

表 5-6　刀具卡

序号	刀具号	刀具规格	数量	加工表面	刀尖半径(mm)	备注

表 5-7　程序加工卡

程序号	程序内容	程序说明

知识拓展

切槽刀的选择及子程序调用的编程格式

一、刀具的选择

切槽刀的选择主要考虑以下几个方面的因素：
（1）切槽刀的几何参数；
（2）切槽的方法；
（3）切槽刀的安装；
（4）切槽时的注意事项；
（5）切槽切削用量的确定。

二、子程序调用的编程格式

子程序调用的编程格式包括 3 种，具体见表 5-8。

表 5-8　子程序调用的编程格式

项目	HNC-21T	FANUC-0i	SIEMENS802C/S
主程序格式	…… N100　M98　P__ L__ …… N200　M02	…… N100　M98　P__ …… N200　M02	…… N100　M98　L__ P__ …… N200　M02
子程序格式	O××××； N120　M99	O××××； N120　M99	MAR005 SPF N80REF
说明	1. P 后跟子程序名，L 后为调用次数，调用总次数为 1 时，可省略； 2. 序嵌套达 4 层； 3. M99 返回	1. P 后跟 8 位数字，前 4 位为调用次数，后 4 位为子程序号，调用次数为 1 时，可省略； 2. 子程序嵌套达 4 层； 3. M99 可以指定返回段，如 M99P__（段号）	1. L 后跟子程序名，P 为调用次数； 2. 用 M17、RET 指令结束程序，RET 要求占用一个独立的程序段； 3. 可直接用子程序名，但只能一次调用

任务 5.2
带宽槽零件编程与仿真

切槽循环
指令 G75

任务描述

如图 5-17 所示工件，外形轮廓加工已完成，试编写工件上宽槽的数控车削加工程序并进行加工。在宽槽加工过程中,应注意切槽的加工工艺、槽侧圆角的处理与槽底尺寸精度。

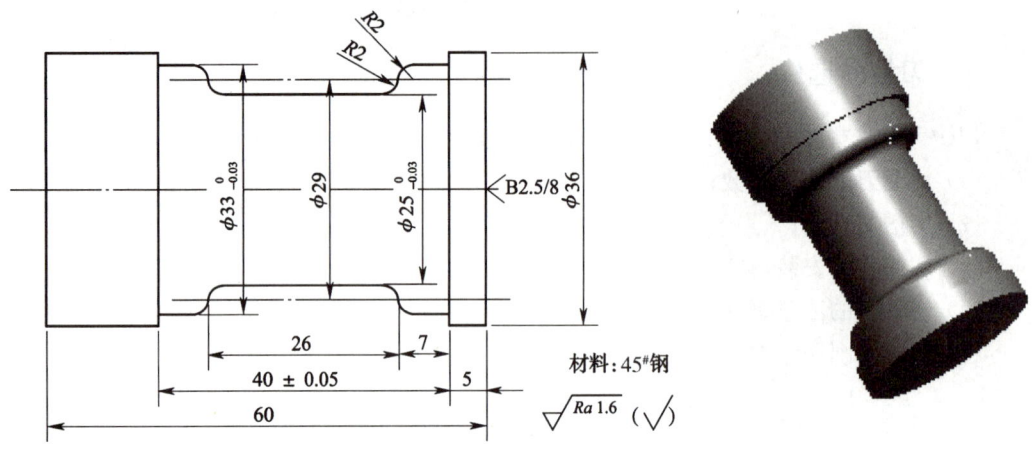

图 5-17 带宽槽零件

任务目标

知识目标
(1) 掌握 G75 的指令格式;
(2) 正确理解 G75 指令段内部参数的意义,能根据加工要求合理确定各参数值;
(3) 能够运用 G75 指令编写槽加工程序。

技能目标
(1) 掌握外槽零件加工程序的编制方法;
(2) 掌握外槽零件加工方法。

素质目标
(1) 培养分析和解决问题的能力;
(2) 培养沟通能力及团队协作精神;
(3) 培养质量意识、安全意识和环境保护意识。

相关知识

一、切槽循环指令 G75

切槽循环指令 G75 主要用于径向内槽和外槽的加工,常用于加工宽而深的槽。

1. 指令格式

G75 R(e);
G75 X(U)__Z(W)__P(Δi) Q(Δk) E(Δd) F__

其中，
(1) e 为分层切削每次退刀量，半径量，其值为模态值；
(2) X(U)__Z(W)__为切槽终点处坐标；
(3) Δi 为 X 轴方向的每次切深量，半径量；
(4) Δk 为刀具完成一次径向切削后，在 Z 轴方向的偏移量；
(5) Δd 为刀具在切削底部的 Z 轴方向的退刀量（可缺省）；
(6) F 为径向切削时的进给速度（进给量）。

注意：e、Δi、Δk、Δd 均由不带符号的半径量表示，方向根据切槽循环起点和终点的位置确定，其中 e、Δd 表示退刀量，方向由终点指向起点；Δi、Δk 表示 X 轴、Z 轴方向的切入量，方向由起点指向终点。

在 FANUC 系统中，对于程序段中的 Δi、Δk 值，不能包含小数点，而应直接输入最小编程单位，如 P2000 表示径向每次切深量为 2 mm。

2. 走刀路线

切槽循环指令 G75 的走刀路线如图 5-18 所示。

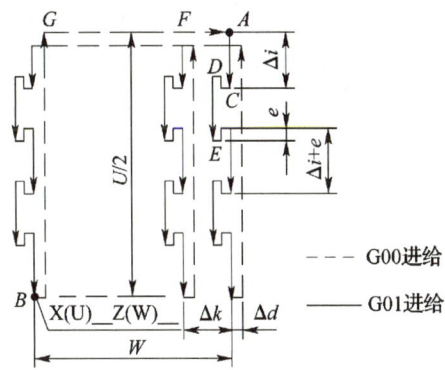

图 5-18 G75 走刀路线

二、G75 指令在槽加工中的应用

以如图 5-19 所示的零件为例，分析 G75 指令在加工中的作用。

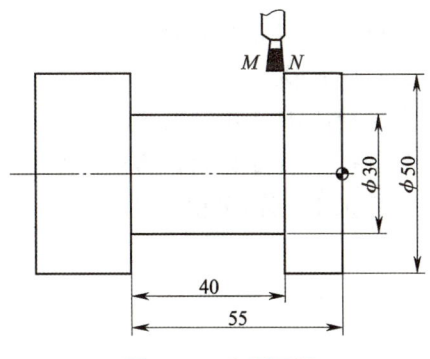

图 5-19 应用图例

1. 循环参数的确定

e：分层切削每次退刀量取 0.5 mm(半径量)；

X(U)__ Z(W)__：切槽终点处坐标为(30.0,-55.0)；

Δi：X 轴方向的每次背吃刀量取 2 mm(半径量)；

Δk：刀具完成一次径向切削后，在 Z 轴方向的偏移量取 3.5 mm；

Δd：缺省；

F：径向切削时的进给速度取 F0.1。

2. 循环起点的确定

G75 指令的循环起点 X 轴坐标略大于槽顶直径，Z 轴坐标为第一次切入处刀位点的 Z 坐标值，取为(52.0,-19.0)。

3. 程序示例

O0001；	
T0202；	切槽刀，刃宽为 4 mm
G00 X52.0 Z-19.0 S300 M03；	定位至循环起点
G75 R0.5；	退刀量 0.5 mm
G75 X30.0 Z-55.0 P2000 Q3500 F0.1	终点坐标(30.0,-55.0)，X 轴方向每次切入量 2 mm，Z 轴方向偏移量 3.5 mm，进给量 0.1 mm/r
G00 X100.0 Z100.0；	
M30；	

 任务实施

一、分析零件图样

零件由外圆轮廓和圆弧轮廓构成，结构对称，其中 $R2$ 的圆弧加工简单。难点在于外槽。根据技术要求说明表面质量要求较高，因此对刀具及切削用量的选择要求较高，可采用机夹刀。综合来看，主要技术要求体现如下：

(1) 用三爪自定心卡盘夹持，由于切槽受力较大，最好采用顶尖配合装夹。

(2) 由于圆弧可用切槽刀直接成形。

(3) 切槽加工要避免横向进给，纵向进给时也必须控制进给量。

此零件为中间宽槽，两端圆柱，中间圆弧过渡，考虑到刀具干涉问题，因此必须先加工出中间宽槽。在加工中应安排精加工工序，分粗、精加工完成。

二、分析加工工艺

1. 编程原点的确定

确定编程原点位于工件右端面的中心处。

2. 确定加工路线

整个零件的粗、精加工路线中,粗加工主要切除毛坯中不规则的部分使其与零件轮廓相同,精加工则是最终获得零件的尺寸和形状。

(1) 粗加工路线:切 φ33 mm×40 mm 宽槽,以左刀尖为刀位点,循环起点坐标(38,-8),终点坐标(33,-45)。切 φ25 mm×22 mm 宽槽,循环起点坐标(38,-17),终点坐标(25,-36),如图 5-20 所示。

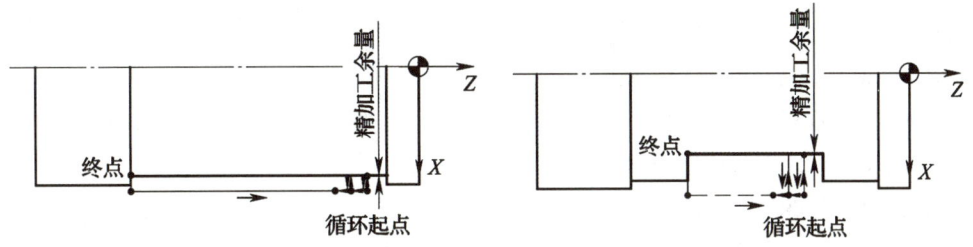

图 5-20 粗加工路线

(2) 精加工路线:定位起刀点为毛坯外表面。循环起点坐标(38,5),加大切削速度,采用较大的进给量,直接走零件轮廓,如图 5-21 所示。

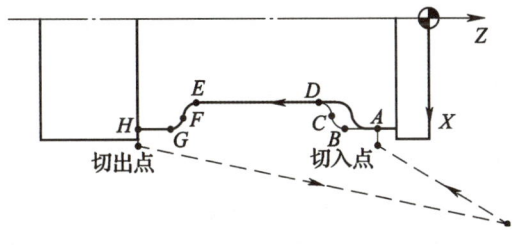

图 5-21 精加工路线

三、编写程序

```
O5020;                                  工件左端加工程序
N10 T0202;                              换 2 号刀,取 2 号刀补
N20 M03 S400 M08;                       主轴正转,切削液开
N30 G00 Z-8.0;
    X38.0                               定位至循环起点
N40
N50 G75 R0.5;
N60 G75 X33.0 Z-45.0 P2000 O2500 F0.1;  循环切 φ33 mm×40 mm 宽槽
N70 G00 X38.0 Z-17.0;                   定位至循环起点
N80 G75 R0.5;
N90 G75 X25.0 Z-36 0 P2000 O2500 F0.1;  循环切 φ25 mm×22 mm 宽槽
N100 G00 X100.0 Z100.0;                 退刀
```

```
N110 M05 M09;                                   主轴停转
N120 M00;                                       程序暂停,检测并修改磨耗值
N130 T0202;                                     重新调用 02 号刀补
N140 G00 X38.0 Z-8.0 S800 M03 M08;              定位至精加工的切入点,转速为
                                                800 r/min

N150 G01 X33.0 F0.1;
N160 Z-13.0;
N170 G03 X29.0 Z-15.0 R2.0;
N180 G02 X25.0 Z-17.0 R2.0;
N190 G01 Z-36.0;                                进给量为 0.1 mm/r,精加工轮廓
N200 G02 X29.0 Z-38.0 R2.0;
N210 G03 X33.0 Z-40.0 R2.0;
N220 G01 Z-45.0;
N230 X38.0;

N240 G00 X100.0;
N250 Z100.0;
N260 M05 M09;                                   程序结束部分
N270 M30;
```

四、零件仿真加工

零件仿真加工步骤见表 5-9。

表 5-9　带宽槽零件仿真加工的操作步骤

步骤	图例
循环粗切 ϕ33 mm×40 mm 宽槽,主轴转速 n 为 400 r/min,进给量 f 为 0.1 mm/r	
循环粗切 ϕ25 mm×22 mm 宽槽,主轴转速 n 为 400r/min,进给量 f 为 0.1 mm/r	

(续表)

步骤	图例
精车槽侧、槽底及四处 2 mm 圆角	
锐边倒钝,检查卸料	
合格后取下工件	

五、实际生产中产生的问题分析

对于切槽加工,最常见的问题有两个:一是产生斜槽,这是加工过程中因为受力不均所产生。解决方法是采用两端装夹或一夹一顶;二是切槽底部容易产生接刀痕,解决方法是采用机夹刀加工,且每次进刀的横向距离不得超过刀宽。

六、思考与练习

编写下图零件的加工程序,完成下图槽的加工。如图 5-21 所示,车削多外槽零件,毛坯:$\phi 50$ mm×95 mm 材料:45#钢。

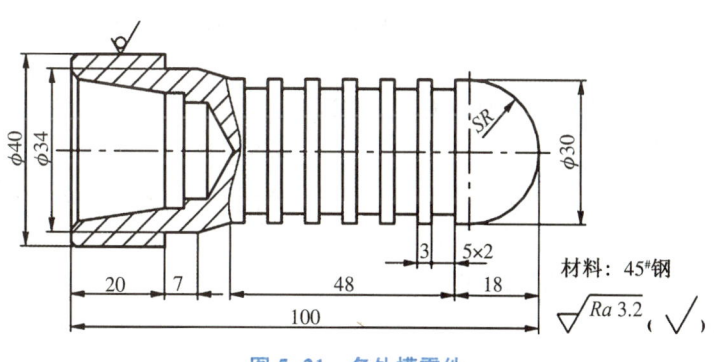

图 5-21 多外槽零件

任务 5.3
单线螺纹轴编程与加工

简单螺纹轴零件的加工

◇ **任务描述**

如图 5-22 所示工件,毛坯为 φ42 mm×56 mm 的圆钢,试利用等螺距螺纹切削指令 G32 完成工件右端圆柱螺纹部分的数控编程加工,并使用螺纹切削单一固定循环指令 G92 简化编程。

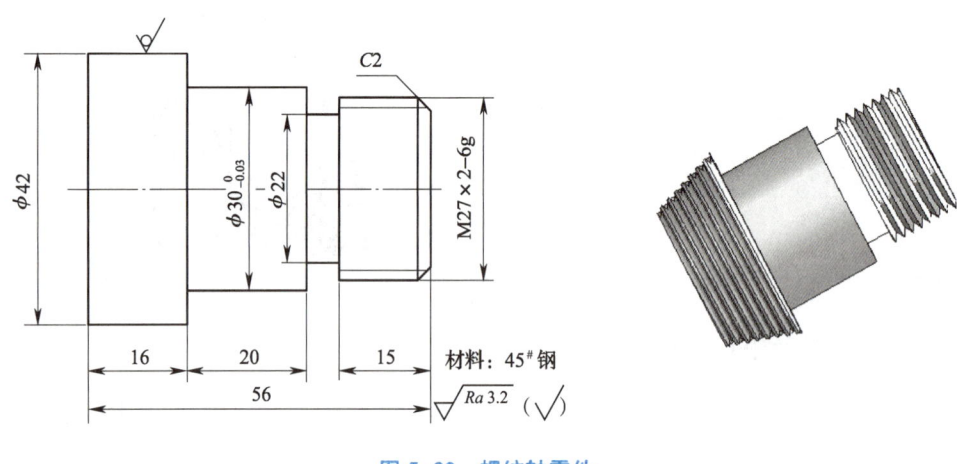

图 5-22 螺纹轴零件

◇ **任务目标**

知识目标

(1) 掌握等螺距螺纹切削指令 G32 的格式及功能;

(2) 掌握螺纹切削单一固定循环 G92 的指令格式及功能,熟悉 G92 循环加工动作及运动轨迹;

(3) 熟悉普通三角螺纹加工的相关工艺知识。

能力目标

(1) 掌握螺纹车刀的安装方法;

(2) 掌握外螺纹车刀的对刀方法;

(3) 掌握普通三角直螺纹的编程加工方法。

素质目标

(1) 培养学习能力;

(2) 培养沟通能力及团队协作精神;

（3）培养质量意识、安全意识和环境保护意识；
（4）培养精益求精的工作作风。

相关知识

一、普通三角螺纹加工工艺知识

普通三角螺纹的牙型角为60°。粗牙普通三角螺纹用字母"M"及公称直径表示，细牙普通三角螺纹用字母"M"及"公称直径×螺距"表示。

普通三角螺纹有左旋螺纹和右旋螺纹之分，左旋螺纹应在螺纹标记的末尾处加注"LH"，未注明的即为右旋螺纹。

1. 普通三角螺纹切削径向尺寸计算

1）基本牙型

螺纹牙型是通过螺纹轴线剖面上的螺纹轮廓形状。

普通三角螺纹的基本牙型如图 5-23 所示。

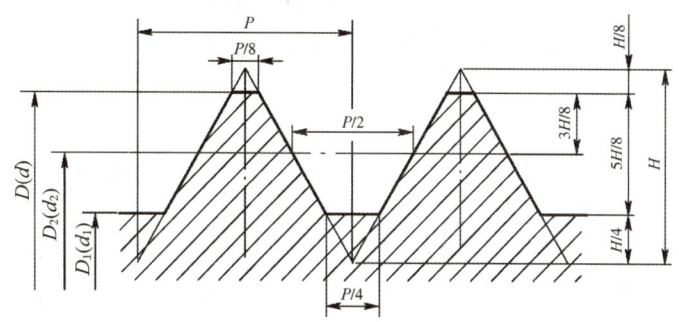

图 5-23 普通三角螺纹基本牙型

普通三角螺纹相关要素说明及径向尺寸的计算如下。

（1）H：螺纹原始三角形高度，$H=0.866P$；
（2）h：牙型高度，$h=5H/8=0.54P$；
（3）$D(d)$：螺纹大径，螺纹大径的基本尺寸与螺纹的公称直径相同；
（4）$D_2(d_2)$：螺纹中径，$D_2(d_2)=D(d)-0.6495P$；
（5）$D_1(d_1)$：螺纹小径，$D_1(d_1)=D(d)-1.08P$。

2）车削螺纹前工件大径的确定

削螺纹前工件大径：$d'≈d-0.13P$。

3）螺纹总切深的确定

螺纹总切深：$h'≈1.3P$。

2. 多刀车削普通螺纹的常用方法

1）直进法

车螺纹时，螺纹刀刀尖及两侧刀刃都参与切削，每次进刀只作径向进给，适用于螺距小于 2 mm 和脆性材料的螺纹车削,如图 5-24(a)所示。

2) 斜进法

螺纹车刀沿着牙型一侧平行的方向斜向进刀,至牙底处,适用于加工螺距较大的螺纹,如图 5-24(b)所示。

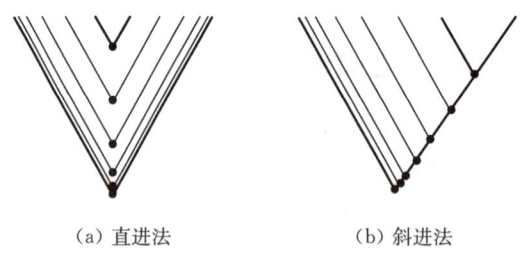

(a) 直进法　　　　(b) 斜进法

图 5-24　螺纹的几种切削方法

3. 螺纹轴向起点和终点位置的确定

主轴每转一圈,刀尖移动距离为一个导程或螺距值(单线)。在安排工艺时必须考虑设置合理的导入距离 δ_1 和导出距离 δ_2,如图 5-25 所示。

一般 δ_1 取 2~3 螺距值,对大螺距和高精度的螺纹则取较大值;δ_2 一般取 1~2 螺距值,退刀槽较宽时取较大值。若螺纹退尾处没有退刀槽,取 $\delta_2=0$,此时,该处的收尾形状由数控系统的功能设定。

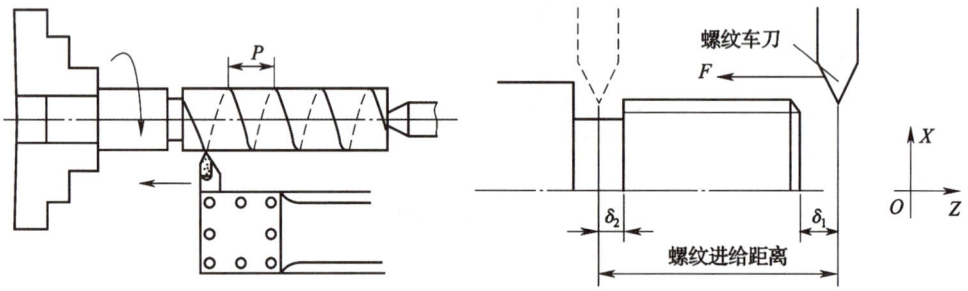

图 5-25　螺纹切削的导入、导出距离

二、常用螺纹加工指令

1. 螺纹切削指令 G32

1) 指令格式

等螺距螺纹切削指令:G32 X(U)__ Z(W)__ F__ Q__;

变螺距螺纹切削指令:G34 X(U)__ Z(W)__ F__ K__;

直线螺纹的终点坐标:X(U)__ Z(W)__;

其中,

(1) F 为直线螺纹的导程,如果是单线螺纹,则为直线螺纹的螺距;

(2) Q 为螺纹起始角,该值为不带小数点的非模态值,其单位为 0.001°;

(3) K 为主轴每转螺距的增量(正值)或减量(负值)。

2) 指令说明

G32 指令近似于 G01 指令,刀具从 B 点以每转进给一个导程/螺距的速度切削至 C 点。其切削前的进刀和切削后的退刀都要通过其他的程序段来实现,如图 5-26 中的 AB、CD、DA 程序段。G32 圆柱螺纹的加工路线如图 5-26 所示。

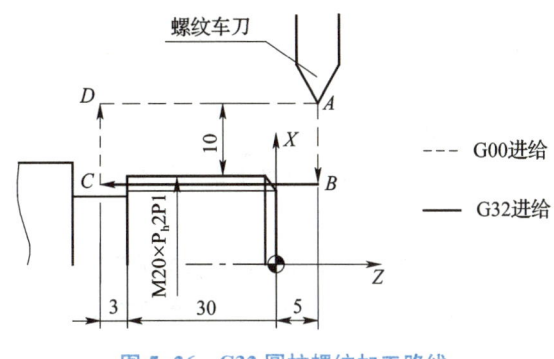

图 5-26　G32 圆柱螺纹加工路线

3) 编程实例

使用 G32 指令编写工件的螺纹加工程序,螺纹切削导入距离 δ_1 取 5 mm,导出距离 δ_2 取 3 mm,具体程序如下。

O0001;
G00 X40.0 Z5.0;　　　　　　导入距离 $\delta_1=5$
X19.2;
G32 Z-33.0 F2.0 Q0;　　　　加工第 1 条螺旋线,螺纹起始角为 0°
G00 X40.0;
　　Z5.0;
X18.8
G32 -33.0 F2.0 Q0;
G00 X40.0;
　　Z5.0;
X18.7
G32 Z-33.0 F2.0 Q0;　　　　加工完成第 1 条螺旋线
G00 X40.0;
　　Z5.0;
X19.2;
G32 Z-33.0 F2.0 Q180000;
……　　　　　　　　　　　多刀重复切削至第 2 条螺旋线加工完成
M30;

4) 使用螺纹切削指令时的注意事项

(1) 在螺纹切削过程中,进给速度倍率无效。

(2) 在螺纹切削过程中,进给暂停功能无效,如果在螺纹切削过程中按了进给暂停按钮,刀具将在执行完成非螺纹切削的程序段后停止。

(3) 在螺纹切削过程中,主轴速度倍率功能无效。

(4) 在螺纹切削过程中,不宜使用恒线速度控制功能,而宜采用恒转速控制功能。

2. 圆柱螺纹切削单一固定循环指令 G92

1) 指令格式

G92 X(U)__ Z(W)__ F__;

螺纹编程指令 G92

2) 指令说明

(1) X、Z:螺纹切削终点绝对坐标。

(2) U、W:螺纹切削终点相对起点的增量坐标值,U 和 W 后面数值的符号取决于轨迹的方向。

(3) F:螺纹导程,当螺纹为单头螺纹时,导程与螺距相等。

注意:可以加工无退刀槽的螺纹,退尾长度由系统参数设定,一般为一个螺距长度。

3) 编程实例

使用 G92 指令编写如图 5-27 所示圆柱螺纹加工程序,螺纹切削导入距离 δ_1 取 6 mm,导出距离 δ_2 取 3 mm,螺距取 1.5 mm,具体程序如下。

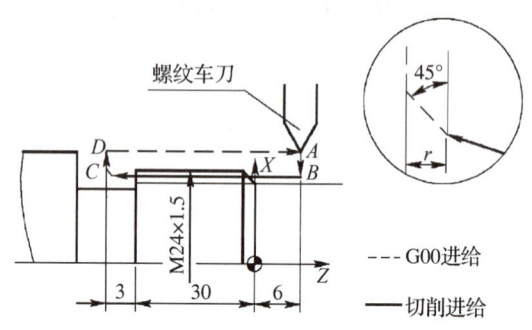

图 5-27 G92 指令螺纹加工

```
O0002;
T0202;                          螺纹车刀的前刀面向下
M03 S600;
G00 X30.0 Z6.0 M08;             快速定位至螺纹切削循环起点
G92 X22.9 Z-33.0 F1.5;          多刀切削螺纹,背吃刀量分别为
                                1.1 mm、0.5 mm、0.25 mm、0.1 mm
X22.4;
X22.15;
X22.05;
G00 X100.0 Z100.0;
M05 M09;
M30;
```

三、装刀及对刀操作

1. 安装外螺纹车刀

外螺纹车刀的装夹,如图 5-28 所示。螺纹车刀的装夹要求见表 5-10。

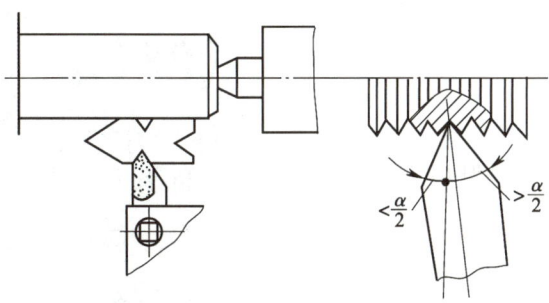

图 5-28 外螺纹车刀的装夹方法

表 5-10 螺纹车刀的装夹要求

装夹要求	图例
螺纹车刀刀尖与车床主轴轴线等高,一般可根据尾座顶尖高度调整和检查。为防止高速车削时产生振动和扎刀,外螺纹车刀刀尖也可以高于工件中心 0.1~0.2 mm,必要时可采用弹性刀柄螺纹车刀	
使用螺纹对刀样板,校正螺纹车刀的安装位置,确保螺纹车刀的两刀尖半角的对称中心线与工件轴线垂直	
螺纹车刀伸出刀架不宜过长,一般伸出长度为刀柄高度的 1.5 倍	

2. 外螺纹车刀的对刀及刀补设定

外螺纹车刀的对刀及刀补设定步骤见表 5-11。

表 5-11 外螺纹车刀的对刀及刀补设定

操作步骤	图例
输入 T03,将外螺纹车刀转到加工位	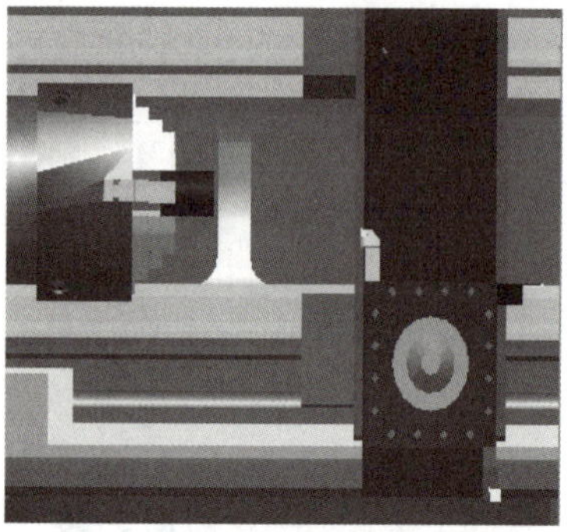
Z 轴向对刀操作:先用 JOG 手动方式移动刀架,靠近工件,再用 HANDLE 手轮方式微调,使刀具的刀尖靠近工件,并目测刀尖与端面在一直线上	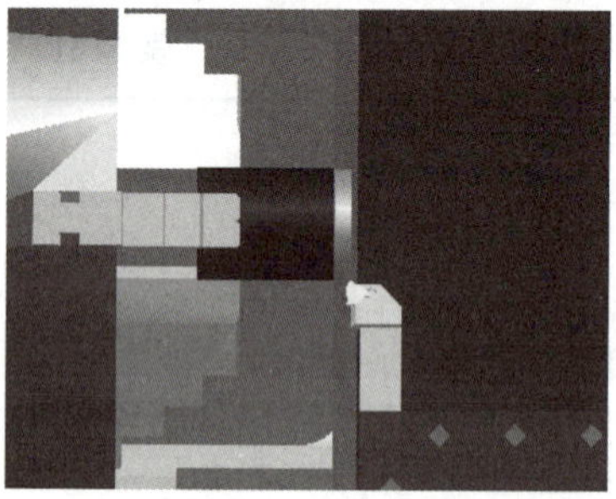
Z 轴向刀补设定:进入刀具补偿界面,在 03 号刀补中,输入刀位点的 Z 轴测量值 Z_0,计算确认后完成 Z 轴向刀具偏置补偿的设置	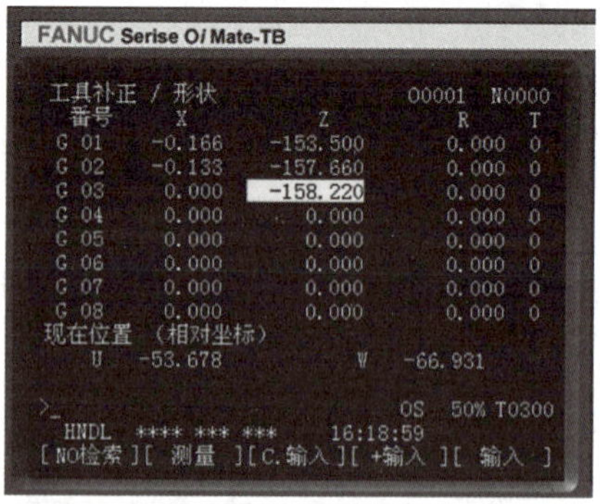
X 轴向对刀操作:用手轮分别沿 $+Z \rightarrow +X \rightarrow -Z \rightarrow -X$ 方向移动刀架,使刀尖靠到工件外圆面,也可试切外圆,停机测量	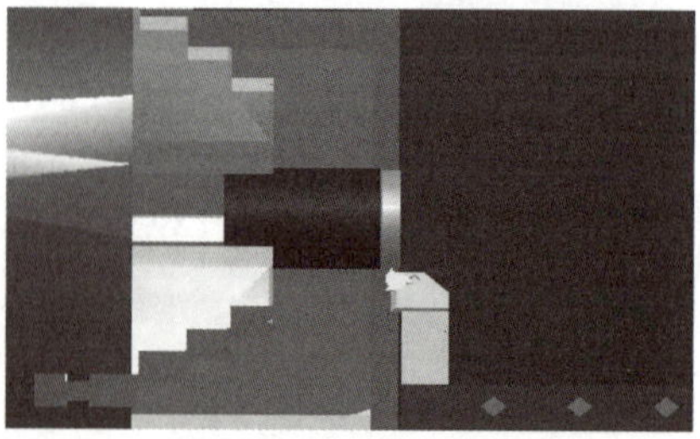

(续表)

操作步骤	图例
X 轴向刀补设定：在刀具补偿界面中输入刀位点的 X 测量值（$X=d_测$），通过计算确认后完成 X 轴向刀具偏置补偿的设置	
外螺纹车刀刀补验证操作：在 MDI 方式下，依次输入并执行以下程序段。 T0303；　　　　调用外螺纹车刀刀号刀补号 S500 M3；　　　主轴正转 G0X43.0 Z2.0；　快速定位至对刀点 G0X10.0 Z100.0；退刀 M05；　　　　　主轴停止	

注意：
（1）外螺纹车刀 X 轴方向对刀时，建议采用试切外圆的方法来提高对刀精度。
（2）对刀时应控制背吃刀量和切削长度，防止过切及提高对刀速度。

任务实施

外螺纹车刀的对刀

一、分析零件图样

图样中工件右端螺纹部分为普通细牙螺纹，公称直径为 27 mm，螺距为 2 mm，单线，右旋，螺纹长度 15 mm，螺纹中、顶径公差带代号为 6 g。

二、分析加工工艺

1. 编程原点的确定
编程原点固定在工件右端面的中心处。
2. 螺纹切削径向尺寸计算
外螺纹的编程大径：$d' \approx d - 0.13P = 27 - 0.13 \times 2 = 26.74 (\text{mm})$
螺纹总切深量：$h' \approx 1.3P = 1.3 \times 2 = 2.6 (\text{mm})$，分 5 次切削，背吃刀量依次为 0.9 mm，0.6 mm，0.6 mm，0.4 mm，0.1 mm。

3. 螺纹加工起点和终点位置的确定

螺纹切削导入距离：$\delta_1 \approx (2 \sim 3)P = 4 \sim 6 \text{(mm)}$，取 5 mm；

导出距离：$\delta_2 \approx (1 \sim 2)P = 2 \sim 4 \text{(mm)}$，取 2 mm；

螺纹加工起点坐标：(30.0,5.0)；

终点坐标依次为第一刀(26.1,-17.0)，第二刀(25.5,-17.0)，第三刀(24.9,-17.0)，第四刀(24.5,-17.0)，第五刀(24.4,-17.0)。

4. 选择刀具及切削用量

本任务根据教学实际可选用焊接式普通车刀或机械夹固式车刀。此处选用刀柄型号为 SER2020K16T 的外螺纹车刀，刀片型号为 16ERAG60ISO，如图 5-30 所示。

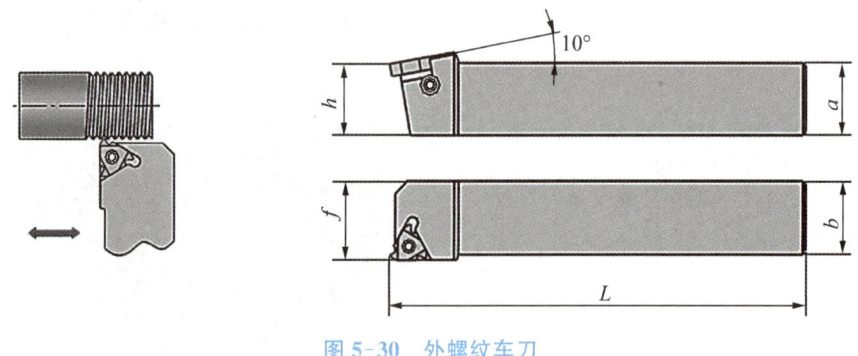

图 5-30 外螺纹车刀

三、编写程序

程序	说明
O6010；	工件右端加工程序
……	轮廓，切槽加工
N200 G28 U0 W0；	换刀后刀具定位
N210 T0303；	
N220 G00 X30.0 Z5.0 S400 M03；	
N230 G92 X261 Z-17.0 F2.0；	加工右端圆柱外螺纹
N240 X25.5；	
N250 X24.9；	
N260 X24.5；	
N270 X24.4；	
N280 G28 U0 W0；	程序结束
N290 M05 M09；	
N300 M30；	

四、零件仿真加工

零件的仿真加工具体操作过程见表 5-12。

表 5-12 单线螺纹轴仿真加工的操作过程

步骤	图例
夹住毛坯外圆,伸出长度约 45 mm,找正后夹紧	
对刀设定并验证刀补	
粗、精车工件右端 C2 倒角,螺纹实际大径至 26.74 mm,ϕ30 mm 外圆至尺寸;粗车时主轴转速 n 为 500 r/min,进给量 f 为 0.2 mm/r;精车时主轴转速 n 为 1 000 r/min,进给量 f 为 0.1 mm/r	
切螺纹退刀槽ϕ22 mm×5 mm;主轴转速 n 为 400 r/min,进给量 f 为 0.1 mm/r	
粗、精车外螺纹 M27×2—6 g	

(续表)

步骤	图例
用 M27×2-6g 螺纹环规综合检测工件,要求通规要通过退刀槽与台阶平面靠平,止规旋入不超过 1/2 圈	 

五、实际生产中产生的问题分析

数控车床螺纹加工造成加工螺纹误差因素很多,此处仅分析操作上造成误差的原因,见表 5-13。

表 5-13 数控车床螺纹加工尺寸误差分析

加工螺纹出现的问题	可能产生的原因
螺纹牙顶呈刀口状或过平	刀具角度选择不正确
	工件外径尺寸不正确
	螺纹切削过深或切削深度不够
	刀具中心错误
刀具牙底圆弧过大或过宽	刀具选择错误
	刀具磨损严重
	螺纹有乱牙现象
螺纹牙型半角不正确	刀具安装不正确
	刀具角度刃磨不正确
螺纹表面粗糙度差	切削速度过低
	刀具中心过高
	切削液选用不合理
	刀尖产生积屑
	刀具与工件安装不正确,产生振动
	切削参数选用不正确,产生振动
螺距误差	加工程序不正确

六、思考与练习

分析下图零件加工工艺,并编写图 5-31 所示的零件的加工程序,材料:45#钢。

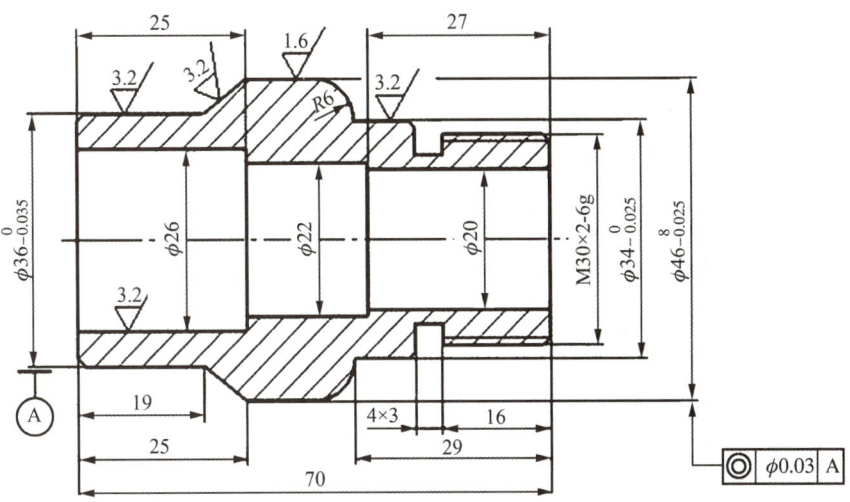

图 5-31 待加工零件

任务 5.4
接头零件编程与加工

孔及螺纹轴加工

本任务沿用任务 5.3 的材料,在任务 5.3 的基础上,完成如图 5-32 所示工件左端圆锥螺纹部分的编程加工。

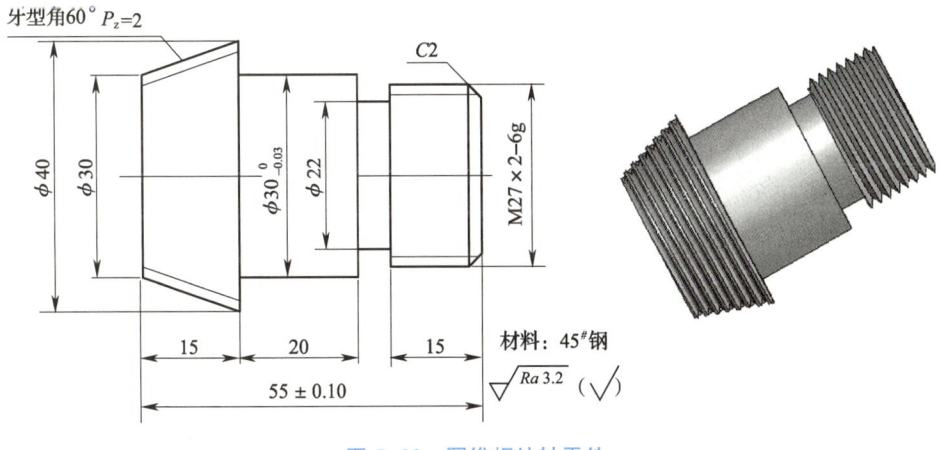

图 5-32 圆锥螺纹轴零件

 **任务目标**

知识目标

（1）掌握 G92、G76 指令在圆锥螺纹车削加工中的编程方法及规则；

（2）熟悉圆锥螺纹加工的相关工艺知识。

能力目标

（1）掌握内螺纹加工程序的编制方法；

（2）掌握圆锥螺纹零件加工程序的编制方法。

素质目标

（1）培养学习能力；

（2）培养沟通能力及团队协作精神；

（3）培养质量意识、安全意识和环境保护意识；

（4）培养精益求精的工作作风。

 **相关知识**

一、圆锥螺纹加工工艺

圆锥螺纹是在圆锥表面上沿螺旋线所形成的具有规定牙型的连续凸起。

圆锥螺纹多出现在用于气体或液体管件连接的管螺纹中，其锥度规定为 1∶16，牙型角通常为 55°和 60°。

圆锥管螺纹公称直径以英寸（1 英寸＝25.4 mm）为单位，并以单位螺纹长度的牙数来表示牙型粗细。

1. 圆锥螺纹的基本牙型和术语

圆锥螺纹的牙型为三角形，主要靠牙的变形来保证螺纹副的紧密性，多用于管件。圆锥管螺纹具有 1∶16 的锥度，因为这一特性使得缠绕在螺纹上的生料带能更均匀地分布于螺纹上，具有更好的密封性；同时圆锥管螺纹所使用的铁管壁更厚，具有更高的耐压性，所以此类螺纹通常用于连接件。如图 5-33 所示为 55°圆锥螺纹基本牙型及相关术语。

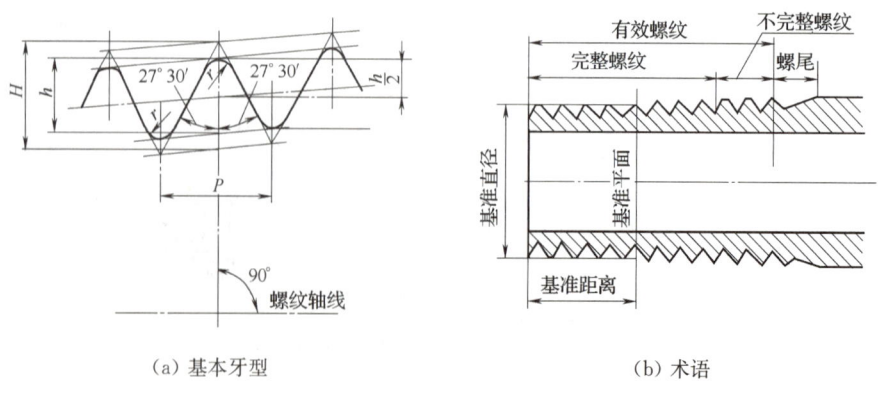

（a）基本牙型　　　　　　　　　　（b）术语

图 5-33　圆锥螺纹基本牙型

2. 圆锥螺纹的尺寸计算

1) 55°圆锥螺纹的尺寸计算

55°圆锥螺纹的尺寸计算见表5-14。

表5-14　55°圆锥螺纹的尺寸计算

名称		代号	计算公式	示例
牙型角		α	55°	3/4 in(14 牙)
螺距		P	$P = \pi \cdot d/n$	$P = \pi \cdot d/n = 1.814$ mm
原始三角形高度		H	$H = 0.960\,24P$	$H = 0.960\,24 \times 1.841$ mm $= 1.742$ mm
牙型高度		h	$h = 0.640\,33P$	$h = 0.640\,033 \times 1.841$ mm $= 1.162$ mm
圆弧半径		r	$r = 0.137\,28P$	$r = 0.137\,28 \times 1.841$ mm $= 0.249$ mm
有效螺纹长度		l_1		$l_1 = 14.5$ mm
基准距离		l_2		$l_2 = 9.5$ mm
基面上的基本直径	大径	d	参照国家相关标准	$d = 26.441$ mm
	中径	d_2		$d_2 = 25.279$ mm
	小径	d_1		$d_1 = 24.117$ mm
圆锥长度		L	$L = l_1 + (3 \sim 4)$ 牙	取 21 mm

锥度为 1∶16，圆锥半角为 1°47′24″。

2) 60°圆锥螺纹相关要素及尺寸计算

60°圆锥螺纹的尺寸计算见表5-15。

表5-15　60°圆锥螺纹的尺寸计算

名称		代号	计算公式	示例
牙型角		α	60°	1/2 in(14 牙)
螺距		P	$P = \pi \cdot d/n$	$P = \pi \cdot d/n = 1.814$ mm
原始三角形高度		H	$H = 0.866P$	$H = 0.866 \times 1.841$ mm $= 1.571$ mm
牙型高度		h	$h = 0.8P$	$h = 0.8 \times 1.841$ mm $= 1.451$ mm
有效螺纹长度		l_1		$l_1 = 13.5$ mm
基准距离		l_2		$l_2 = 8.128$ mm
基面上的基本直径	大径	d	参照国家相关标准	$d = 21.223$ mm
	中径	d_2		$d_2 = 19.772$ mm
	小径	d_1		$d_1 = 18.321$ mm

(续表)

名称	代号	计算公式	示例
管端部螺纹底径（参考值）	d_T		$d_T = 17.813$ mm
圆锥长度	L	$L = l_1 + (3 \sim 4)$ 牙	取 19 mm
锥度为 1∶16,圆锥半角为 $1°47'24''$。			

二、圆锥螺纹切削单一固定循环指令 G92

1. 指令格式

G92 X(U)__ Z(W)__ F__ R__;（注意：和圆柱编程指令格式的不同）

其中，

(1) X(U)__、Z(W)__ 为螺纹切削终点处的坐标。

(2) F__ 为螺纹导程的大小，如果是单线螺纹，则为螺距的大小。

(3) R__ 为圆锥螺纹切削起点处的 X 坐标减其终点（编程终点）处的 X 坐标之值的二分之一。

2. 指令说明

G92 圆锥螺纹切削循环加工路线轨迹与 G92 圆柱螺纹切削循环轨迹相似。

R 值要注意有正、负值之分，其大小应按该长度计算，即

$$\frac{d_{小端} - d_{大端}}{H} = \frac{2R}{H + \delta_1 + \delta_2}。$$

3. 使用 G92 指令时的注意事项

(1) 在螺纹切削过程中，按下循环暂停键时，刀具立即按斜线回退，然后先回到 X 轴的起点，再回到 Z 轴的起点。在回退期间，不能进行另外的暂停。

(2) 如果在单段方式下执行 G92 循环，则每执行一次循环必须按 4 次循环启动按钮。

(3) G92 指令是模态指令，当 Z 轴移动量没有变化时，只需对 X 轴指定其移动指令即可重复执行固定循环动作。

(4) 执行 G92 循环时，在螺纹切削的退尾处，刀具沿接近 $45°$ 的方向斜向退刀，Z 轴方向退刀距离 $r = 0.1S \sim 12.7S$（导程），该值由系统参数设定。

(5) 在 G92 指令执行过程中，进给速度倍率和主轴速度倍率均无效。

三、螺纹切削循环指令 G76

螺纹切削指令 G76 为复合螺纹循环指令，是多次自动循环切削螺纹的一种加工方

式,使编程进一步简化。以此指令加工时,进刀方式为斜进,即单刃切削,从而使刀尖的负荷减轻,避免"啃刀现象",适用于较大螺距的螺纹切削。

指令格式:

G76 P$(m)(r)(\alpha)$ Q(Δd_{min}) R(d);

G76 X__ Z__ R(i) P(k) Q(Δd) F(L);

其中,

(1) m:精整次数(1~99),为模态值;

(2) r:退尾量,其单位为0.1个螺距,为模态值;

(3) α:刀尖角度(两位数字),为模态值,在80°、60°、55°、30°、29°和0° 6个角度中选择;

(4) Δd_{min}:最小切削深度(取半径值,以0.001 mm为单位);

(5) d:精加工余量;

(6) i:螺纹两端的半径差,如$i=0$为直螺纹(圆柱螺纹)切削方式;

(7) k:螺纹高度,该值由X轴方向上的半径值指定;

(8) Δd:螺纹第一刀切深,(取半径值,以0.001 mm为单位),后续加工为递减式;

(9) L:螺纹导程(同G32)。

注意:上文中的m、r、α用地址P同时指定,为两位数;地址P、Q不能用小数点输入,以最小增量(即一个脉冲当量,一般车床为0.001 mm)为单位,以此单位指定移动量和切深;具体的走刀路线要充分清楚。

四、车削内螺纹基本尺寸的计算方法

车削内螺纹与车削外螺纹方法基本相同但由于加工是内孔中进行,不容易观察和控制,所以难度要比车削包螺纹大得多。特别是退刀时,需要精确计算,以防止刀具与工件发生碰撞。

螺纹底孔尺寸理论值:$D_{孔}=D_{公称}-1.3P-(0.05\sim0.2)$,但实际加工中一般应用实际值(按理论值加工螺纹则螺纹过尖),一般需要计算车削内螺纹前的底孔直径。

当切削塑性材料时,底孔直径计算公式:$D_{孔}=d-P$;

当切削脆性材料时,底孔直径计算公式:$D_{孔}=d-1.05P$。

其中,d为公称直径(单位为mm);P为螺距(单位为mm)。

注意:

(1) 安装内螺纹车刀时,车刀刀尖要对准工件回转中心。装得过高,车削时易产生振动;装得过低,刀头下部与工件发生摩擦,车刀切不进去。

(2) 内螺纹车刀刀杆不能选得太细,否则在切削力作用下,易引起车刀振动和变形,出现"扎刀""啃刀""让刀"及振纹现象。

(3) 车削内螺纹过程中,工件旋转时,不得将手伸入孔内,更不能用棉纱擦拭,以防发生事故。

五、内螺纹车刀的选择

（1）车削螺纹时，车刀材料的合理选择，对螺纹的加工质量和生产效率有很大影响。目前广泛采用的螺纹车刀的材料，一般有高速钢和硬质合金两类。

（2）车削内螺纹时应根据不同的螺纹形式选用不同的内螺纹车刀，如图5-34所示。

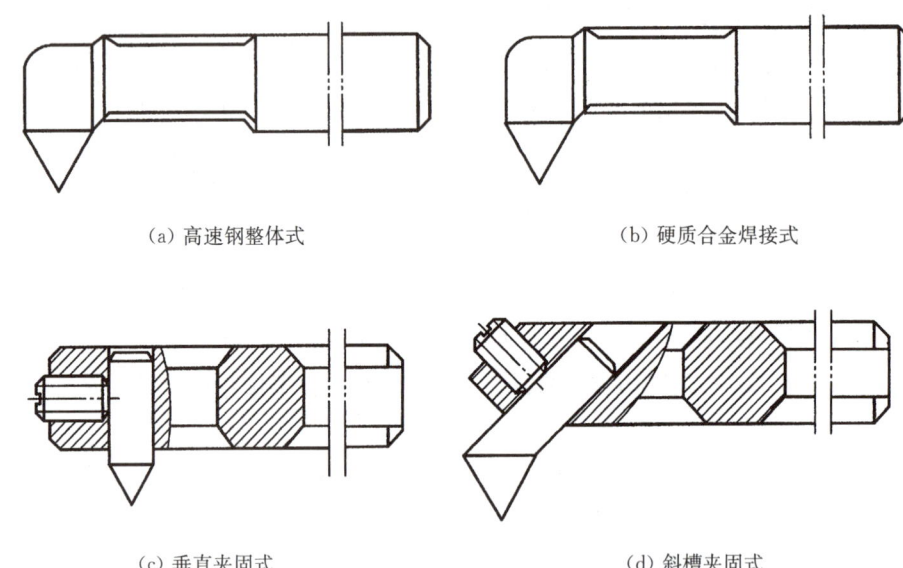

(a) 高速钢整体式　　　　(b) 硬质合金焊接式

(c) 垂直夹固式　　　　(d) 斜槽夹固式

图 5-34　内孔螺纹刀的类型

（3）螺纹车刀其切削部分的几何形状必须和螺纹牙型相吻合。

（4）当径向前角等于零时，螺纹刀具刀尖角与螺纹牙型角相同；如果径向前角不等于零，刀尖角必须修正，修正值见表5-16。

表 5-16　牙型角修正值

径向前角	牙型角				
	29°	30°	40°	55°	60°
0°	29°	30°	40°	55°	60°
5°	28°54′	29°53′	39°52′	54°49′	59°49′
10°	28°35′	29°34′	39°26′	54°17′	59°15′
15°	28°03′	29°01′	38°44′	53°23′	58°18′
20°	27°19′	28°16′	37°46′	52°08′	56°58′

（5）工作后角一般为3°～5°。车削右旋螺纹时，由于进给运动的影响，使螺纹车刀左侧切削刃的工作后角变小，而使右侧切削刃的工作后角变大。为此，车削右旋螺纹时，将

螺纹车刀左侧切削刃的后角磨成加上螺纹升角,而将右侧切削刃的后角变成工作后角减去螺纹升角。

(6) 刀尖圆角半径 R_a 在粗车时一般为 0.5 mm,精车时一般为 0.2 mm。

六、内螺纹车刀装夹

(1) 内螺纹车刀的刀柄长度应大于内螺纹长度 10~20 mm。

(2) 与普通车刀安装一样,内螺纹车刀的刀尖应与工件轴线等高。如果装得过高,车削时容易引起振动,使螺纹表面产生鱼鳞斑;如果装得过低,刀头下部会与工件摩擦,车刀切不进去。

(3) 螺纹刀具安装要使用安装样板。应将螺纹地刀样板侧面靠平工件端面,刀尖部分进入样板的槽内进行对刀,同时调整并夹紧刀具,如图 5-35 所示。

(4) 装好的螺纹车刀应在底孔内手动试切一次,以防止正式加工时刀柄和内孔相碰而影响加工质量,如图 5-36 所示。

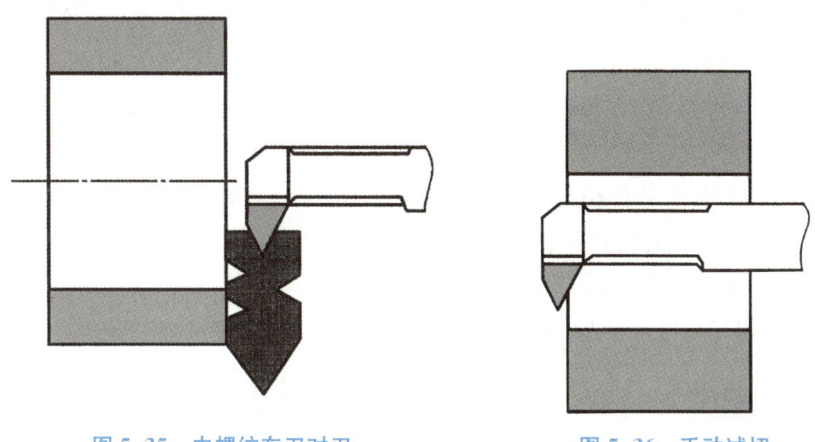

图 5-35　内螺纹车刀对刀　　　图 5-36　手动试切

七、测量方法

内螺纹的测量一般采用螺纹塞规综合测量,测量时,若螺纹塞规通端能顺利拧入工件,止端拧不进工件,则说明螺纹合格。检查盲孔螺纹时,塞规通端拧进的长度应达到图样要求的长度。

◇ 任务实施

一、分析零件图样

图样中工件左端螺纹部分为锥螺纹,锥螺纹大端直径 $\phi 40$ mm,小端直径 $\phi 30$ mm,Z 轴方向螺距为 2 mm,单线,右旋,螺纹长度 15 mm。

二、加工工艺分析

1. 编程原点的确定

编程原点固定在工作左端面的中心处。

2. 螺纹切削径向尺寸计算

圆锥螺纹大端的编程大径：$d' \approx d - 0.13P = 40 - 0.13 \times 2 = 39.74$(mm)

圆锥螺纹小端的编程大径：$d' \approx d - 0.13P = 30 - 0.13 \times 2 = 29.74$(mm)

螺纹总切深量：$h' \approx 1.3P = 1.3 \times 2 = 2.6$(mm)，分 5 次切削，背吃刀量依次为 0.9 mm，0.6 mm，0.6 mm，0.4 mm，0.1 mm。

3. 螺纹加工起点和终点位置的确定

螺纹切削导入距离：$\delta_1 \approx (2 \sim 3)P = 4 \sim 6$(mm)，取 4 mm；

导出距离：$\delta_2 \approx (1 \sim 2)P = 2 \sim 4$(mm)，取 2 mm；

螺纹加工起点坐标：(41.0, 4.0)。

终点坐标依次为第一刀(39.1, −17.0)，第二刀(38.5, −17.0)，第三刀(37.9, −17.0)，第四刀(37.5, −17.0)，第五刀(37.4, −17.0)。

圆锥螺纹中的 R 值，在编程时除要注意有正、负值之分外，还要根据不同长度来确定 R 值的大小。

本任务中，用于确定 R 值的长度为 $H + \delta_1 + \delta_2 = 15 + 4 + 2 = 21$(mm)，$R$ 值的大小 $(D_{大端} - D_{小端})/H = 2R/(H + \delta_1 + \delta_2) = -7$ mm。

4. 选择刀具及切削用量

本任务沿用任务 5.3 的外圆车刀及外螺纹车刀，切削用量选择一致。

三、编写程序

```
O0010;                                  工件左端加工程序
……                                     轮廓,切槽加工
N90 G00 X41.0 Z4.0;                     刀具定位至循环起点
N100 G92 X39.1 Z-170 F2.0 R-7.0;  ⎫
N110 X38.5 R-7.0;                 ⎪
N120 X37.9 R-7.0;                 ⎬   加工圆锥螺纹
N130 X37.5 R-7.0;                 ⎪
N140 X37.4 R-7.0;                 ⎭
N280 G28 U0 W0;                   ⎫
N290 M05 M09;                     ⎬   程序结束
N300 M30;                         ⎭
```

四、零件仿真加工

零件的仿真加工操作步骤，见表 5-17。

表 5-17 接头零件仿真加工的操作步骤

步骤	图例
夹住 ϕ30 mm 外圆,找正装夹,手动车端面保证总长 55 mm; 主轴转速 n 为 500 r/min,进给量 f 为 0.1 mm/r	
对刀设定并验证刀补	
粗、精车工件左端圆锥螺纹实际大径至尺寸; 粗车时主轴转速 n 为 500 r/min,进给量 f 为 0.2 mm/r;精车选择主轴转速 n 为 1 000 r/min,进给量 f 为 0.1 mm/r	
车圆锥螺纹主轴转速 n 为 500 r/min,进给量 f 为 2 mm/r	
合格后取下工件	

五、实际生产中产生的问题分析

在螺纹加工过程中,常见的缺陷包括螺纹牙型角超差、螺距超差、扎刀等。这些缺陷不仅影响螺纹的质量,还可能导致螺纹无法正常工作。以下是一些避免这些缺陷的方法:(1)螺纹牙型角超差。车刀的牙形角磨削不准确应重新刃磨,确保螺纹车刀的前角磨成大于0°,前角越大,牙形角误差也越大。一般车削精度较高的螺纹时,前角宜取0至3°,车削一般精度的螺纹时,前角取小于12°。(2)车刀安装不正确:车刀刀尖要对准工件轴线,校正车刀刃形平分角线,使其与工件轴线垂直,正确选用法向或轴向安装车刀。(3)车刀磨损严重:应及时换刀,提高刃磨质量,降低切削用量。(4)螺距超差:设备问题及操作失误,应检查机床主轴或机床丝杠轴向窜动,调整交换齿轮间隙,维修检查设备精度。(5)扎刀:车刀前角太大或车床 X 轴丝杆间隙较大时,减小车刀前角,维修机床调整 X 轴的丝杆间隙。(6)车刀安装得过高或过低:调整车刀高度,使其刀尖与工件的轴线等高。(7)工件装夹不牢:把工件装夹牢固,可使用尾座顶尖等,以增加工件刚性。车刀磨损过大:修磨车刀,降低切削力。通过以上方法可以有效避免螺纹加工中的常见缺陷,提高螺纹的质量和性能。

六、思考与练习

分析图 5-37 所示零件加工工艺,并编写下图零件的加工程序,材料:45#钢。

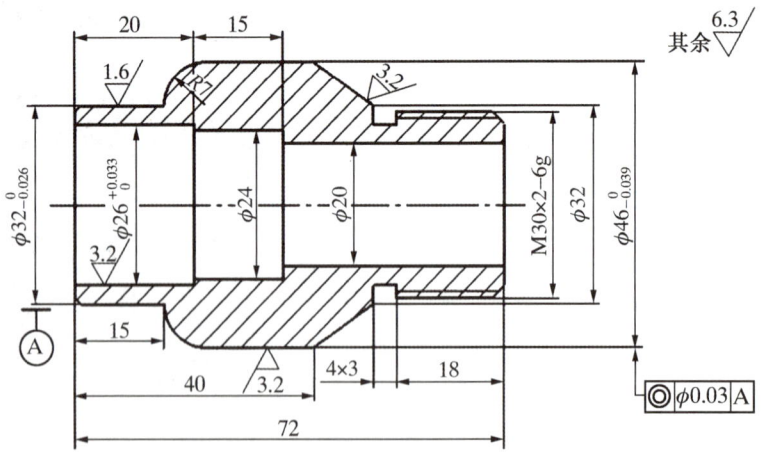

图 5-37 待加工零件

任务 5.5 异形零件的编程与仿真

任务描述

试用 B 类宏程序编写如图 5-38 所示异形零件,毛坯为 $\phi50$ mm ×120 mm 的钢料,编写加工零件的工艺文件。

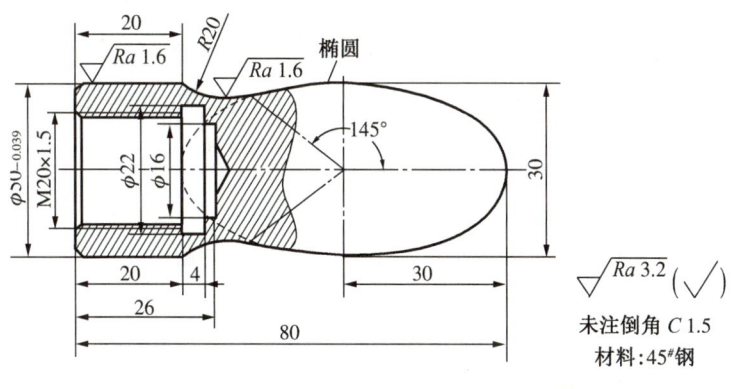

图 5-38 异形零件

任务目标

知识目标
(1) 掌握 A 类型的用户宏程序的应用方法;
(2) 掌握 B 类型的用户宏程序的应用方法。

能力目标
(1) 掌握圆、椭圆、抛物面等面加工程序的编制方法;
(2) 掌握应用 B 类型宏程序加工圆、椭圆、抛物面的方法。

素质目标
(1) 培养沟通能力及团队协作精神;
(2) 培养质量意识、安全意识和环境保护意识;
(3) 培养分析和解决问题的能力。

相关知识

一、宏程序概述

用户把实现某种功能的一组指令像子程序一样预先存入存储器中并用一个指令代表

其存储功能,程序中只要指定该指令就能实现该功能,这一组指令称为宏程序。代表指令称为用户宏程序调用指令,称为宏指令。用户可以自己扩展数控系统的功能,如车削中心从刀库换刀程序等。

宏指令适合抛物线、椭圆、双曲线等没有插补指令的数控车床的曲线手工编程,适合图形相同,只是尺寸不同的系列零件的编程;或工艺路径一样,只是位置参数不同的系列零件的编程,有利于零件的编程简化。

二、宏变量及常量

1. 变量

在宏程序中设置了变量,即将变量赋给一个地址。

(1) 变量的表示:变量可用"♯"号和跟随其后的变量序号来表示。

(2) 变量的引用:将跟随在一个地址后的数值用一个变量来代替,即引入变量。

(3) 变量类型:变量根据变量号分为 4 种类型,即空变量、局部变量、公共变量、系统变量,见表 5-18。

表 5-18　变量类型

变量类型	变量号	功能
空变量	♯0	该变量为空,没有值能赋给该变量
局部变量	♯1～♯33	局部变量只能用在宏程序中存储数据,如运算结果。当断电时,局部变量被初始化为空。调用宏程序时,自变量对局部变量赋值
公共变量	♯100～♯199 ♯500～♯999	公共变量在不同的宏程序中的意义相同。当断电时,变量♯100～♯199初始化为空;变量♯500～♯999 的数据,即使断电也不丢失
系统变量	♯1000～以上	有固定用途的变量,它的值决定系统的状态。系统变量用于读和写 NC 内部数据,例如,刀具的当前位置和补偿位置,但某些变量只能读

2. 宏指令 G65

宏指令 G65 包括算术运算、逻辑运算等处理功能。变量后面的数值以 μm 为单位,如 P1 000 表示数值是 1 mm。

指令格式:

G65HmP♯iQ♯jR♯k;

其中,

(1) m:宏程序功能,数值范围 01～99;

(2) ♯i:运算结果存入变量名;

(3) ♯j:被操作的第 1 个变量,也可以是一个常数;

(4) ♯k:被操作的第 2 个变量,也可以是一个常数。

3. 宏功能指令

(1) 算术指令见表 5-19。

表 5-19　算术指令

G码	H码	功能	定义	格式	举例
G65	H01	定义,置换	#i=#j	G65 H01P#i1Qj	G65 H01P#101Q1005；即#101=1005
	H01	加	#i=#j+#k	G65H02P#iQ#jR#k	G65H02P#101Q#102R#15；即#101=#102+15
	G03	减	#i=#j－#k	G65H02P#iQ#jR#k	G65H02P#101Q#102R#103；即#101=#102－#103
	H04	乘	#i=#j×#k	G65H04P#i1Q#jR#k	G65H04P#101Q#102R#103；即#101=#102×#103
	H05	除	#i=#j/#k	G65H05P#iQ#jR#k	G65H05P#101Q#102R#103；即#101=#102÷#103
	H21	平方根	#i=√#j	G65H21P#iQ#j	G65H21P#101Q#102；即#101=√#102
	H22	绝对值	#i=|#j|	G65H22P#iQ#j	G65H22P#101Q#102；即#101=|#102|
	H23	求余	#i=#j－trunc(#j/#k)×#ktrunc：小数部分舍去)	G65H23P#iQ#jR#k	G65H23P#101Q#102R#103；即#101=#102－trunc(#101/#102)×#103
	H24	BCD码转换为二进制码	#i=BIN(#j)	G65H24P#iQ#j	G65H24P#101Q#102；即#101=BIN(#102)
	H25	二进制码转换为BCD码	#i=BCD(#j)	G65H25P#iQ#j	G65H25P#101Q#102；即#101=BCD(#102)
	H26	复合乘/除	#i=(#j×#j)÷#k	G65H21P#iQ#jR#k	G65H21P#101Q#102R#103；即#101=(#101×#102)÷#103
	H27	复合平方根1	#i=√#j2+#k2	G65H27P#iQ#jR#k	G65H27P#101Q#102R#103；即#101=√#1022+#1032
	H28	复合平方根2	#i=√#j2－#k2	G65H28P#i1Q#jR#k	G65H28P#101Q#102R#103；即#101=√#1022－#1032

（2）逻辑运算指令见表 5-20。

表 5-20　逻辑运算指令

G码	H码	功能	定义	格式	举例
G65	H11	逻辑"或"	#i=#j·OR·#k	G65H11P#iQ#jR#k	G65H11P#101Q#102R#103；即#101=#102·OR·#103
	H12	逻辑"与"	#i=#j·AND·#k	G65H12P#iQ#jR#k	G65H12P#101Q#102R#103 即#101=#102·AND·#103
	H13	"异或"	#i=#j·XOR·#k	G65H13P#iQ#jR#k	G65H13P#101Q#102R#103 即#101=#102·XOR·#103

(3) 三角函数指令见表 5-21。

表 5-21 三角函数指令

G 码	H 码	功能	定义	格式	举例
G65	H31	正弦	#i=#jSIN(#k)	G65H31P#iQ#jR#k	G65H11P#101Q#102R#103; 即#101=#102SIN(#103)
	H32	余弦	#i=#jCOS(#k)	G65H32P#iQ#jR#k	G65H11P#101Q#102R#103; 即#101=#102COS(#103)
	H33	正切	#i=#jTAN(#k)	G65H33P#iQ#jR#k	G65H11P#101Q#102R#103; 即#101=#102TAN(#103)
	H34	余切	#i=#jATAN(#k)	G65H34P#iQ#jR#k	G65H11P#101Q#102R#103; 即#101=#102ATAN(#103)

(4) 控制类指令见表 5-22。

表 5-22 控制类指令

G 码	H 码	功能	定义	格式	举例
G65	H80	无条件转移	IF#J=#k,GOTOn	G65H80Pn; (n 为顺序号)	G65H80P120; 转移到 N120 程序段
	H81	条件转移 1	IF#J=#k,GOTOn	G65H81PnQ#jR#k; (n 为顺序号)	G65H81P100Q#101R#102; 如果#101=#102,转到 N1000,如果#101≠#102, 顺次执行
	H82	条件转移 2	IF#J≠#k,GOTOn	G65H82PniQ#Jr#K; (n 为顺序号)	G65H82P100Q#101R#102; 如果#101=#102,转到 N1000,如果#101≠#102, 顺次执行
	H83	条件转移 3	IF#J>#k,GOTOn	G65H83PniQ#Jr#K; (n 为顺序号)	65H83P100Q#101R#102; 如果#101>#102,转到 N1000,如果#101≠#102, 顺次执行
	H84	条件转移 4	IF#j<#k,GOTOn	G65H84PniQ#Jr#K; (n 为顺序号)	65H84P100Q#101R#102; 如果#101<#102,转到 N1000,如果#101≥#102, 顺次执行
	H85	条件转移 5	IF#≥#k,GOTOn	G65H85PniQ#Jr#K; (n 为顺序号)	65H85P100Q#101R#102; 如果#101≥#102,转到 N1000,如果#101<#102, 顺次执行
	H86	条件转移 6	IF#J≤k,GOTOn	G65H86PniQ#Jr#K; (n 为顺序号)	65H85P100Q#101R#102; 如果#101≤#102,转到 N1000,如果#101>#102, 顺次执行
	H99	产生 PS 报警	PS 报警 500+n 出现	G65H99Pi; 报警号 500+i	G65H99P15; 发生 P/S 报警

三、宏程序运用

在数控车床上均采用宏程序来编程加工非曲线轮廓。宏程序包括 A、B 两类,B 类宏程序简单易行,通俗易懂,在数控车床上经常使用。

在 FANUC 系统中,包含变量、转向、比较判别等功能的指令称为宏指令,包含有宏指令的子程序称为宏程序。

1. 宏程序的特征

(1) 可以在宏程序主体中使用变量;

(2) 可以在变量之间进行数值运算;

(3) 可以用宏程序命令对变量进行赋值。

2. 运算符与表达式

常用的运算符见表 5-23。

B 类宏程序

表 5-23 运算符

类型	功能	运算符	格式	说明
算术运算符	和	+	♯1=♯2+♯3	—
	差	-	♯1=♯2-♯3	
	积	*	♯1=♯2*♯3	
	商	/	♯1=♯2/♯3	
条件运算符	等于	EQ	♯1 EQ♯3	♯1=♯3 ♯1≠♯2 ♯2<♯3 ♯1≤♯3 ♯2>♯3 ♯2≥♯3
	不等	NE	♯1 NE♯2	
	小于	LT	♯2 LT♯3	
	小于或等于	LE	♯1 LE♯3	
	大于	GT	♯2 GT♯3	
	大于或等于	GE	♯2 GE♯3	
逻辑运算符	逻辑或	OR	♯1 OR♯3	—
	与	AND	♯2 AND♯3	
	异或	XOR	♯2 XOR♯3	
函数	正弦	SIN	♯2=SIN[♯3]	角度用角度单位指令,如:90°30′ 为 90.5°
	余弦	COS	♯2=COS[♯3]	
	正切	TAN	♯2=TAN[♯3]	
	反正切	ATAN	♯2=ATAN[♯3]	
	平方根	SQRT	♯2=SQRT[♯3]	
	绝对值	ABS	♯2=ABS[♯3]	

3. 循环控制语句

1）WHILE 循环语句

编程格式如下：

WHILE ［条件表达式］Dom(1,2,3)

……

ENDm；

当条件表达式的条件满足时，执行 WHILE 到 END 当中的程序段，否则转到下一条执行，Do 和 END 后的 m 数值是指定执行范围的识别号，可以使用 1,2,3；非 1,2,3 时报警。

当使用多重循环控制语句的时候，循环最多包括 3 重，且执行的顺序是从内往外，即执行完 END3 再执行 END2，最后执行 END1，格式如下。

WHILE ［条件表达式］Do1

……

WHILE ［条件表达式］Do2

……

WHILE ［条件表达式］Do3

……

END3；

……

END2；

……

END1；

2）条件判别语句

编程格式如下：

IF ［条件表达式］GoTo n

其中，n 为程序段号，条件成立时转到 n 段处执行，条件不成立时顺序执行。

◇ 任务实施

一、分析零件图样

对零件图样进行数控加工工艺分析，对工件的材料、形状、尺寸、精度、毛坯形状及技要求等进行分析，确定适合在哪种车床加工，哪些工序可以加工，根据这些因素得出工艺方案。

（1）用三爪自定心卡盘夹持左端，因椭圆不能装夹因此一定要留出装夹长度一般取 20 mm。

（2）椭圆零件加工的切削用量要比普通零件要小，特别是进给量要进行控制。

（3）90°外圆车刀刀尖角控制在不超过 35°。

二、加工工艺分析

1. 编程原点的确定(零件的最右端处)
2. 制定加工方案及加工路线

三、编写程序

(1) 如图 5-40 所示零件的精加工程序如下。

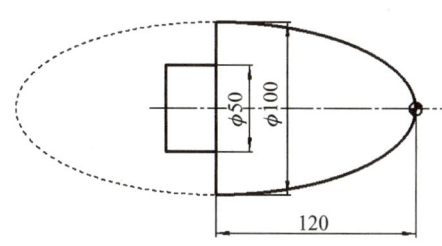

图 5-40 椭圆零件

O0001;	程序号
N01　#101=120.0;	长半轴
N05　#102=50.0;	短半轴
N10　#103=120.0;	Z 轴起始尺寸
N15　IF[#103LT1.0]GOTO45;	判断椭圆是否走到 Z 轴终点
N20　#104=SQRT[#101*#101—#103*#103];	
N25　#105=50.0*#104/120.0;	X 轴变量
N30　G01X[2*#105] Z[#103—120.0];	椭圆插补
N35　#103=#103—0.2;	Z 轴步距,每次 0.2 mm
N40　GOTO15;	
N45　G00 U20.0 Z2.;	退刀

(2) WHILE 语句编写的宏程序如下。

O0002;	程序号
N01　#1=120.0;	长半轴
N05　#2=50.0;	短半轴
N10　#3=120.0;	Z 轴起始尺寸
N15　WHILE #3GE0DO1;	判断椭圆是否走到 Z 轴终点
N20　#4=50.0*SQRT[#1*#1—#3*#3]/120.0;	X 轴变量
N25　G01X[2*#4] Z[#103—120.0];	椭圆插补
N30	
N35　#103=#103-0.2;	Z 轴步距,每次 0.2 mm
N40　END1;	
N45　G00 U20.0 Z2.;	退刀

(3) FANUC 系统通常采用子程序调用形式完成非曲线工件的粗加工和精加工,下面给出从粗加工到精加工完整的加工程序。

O0003;	程序号
N01　G00 M03 S600 T0101 F0.25;	
N05　　X55.0 Z2.0;	
N10　♯150=50.0;	最大切削余量 50 mm
N15　IF[♯150LT1]GOTO35;	毛坯余量小于 1 跳到 N35
N20　M98 P0001;	调用椭圆子程序
N25　♯150=♯150—2.0;	第次切削深度 1 mm
N30　GOTO15	
N35　G00 X55.0 Z2.0;	退刀
N40　G00 X55.0 Z2.;	
N45　S1500 F0.15;	
N50　♯150=0;	精加工毛坯余量设为 0
N55　M98 P0001;	调用椭圆子程序
N60　G00 100.0 Z50.0.;	退刀
N65　M05;	
N70　M30;	程序结束

附录 A

FANUC 0i 系统准备功能 G 代码

代码	分组	意义	格式
G00	01	快速进给、定位	G00 X __ Z __
G01		直线插补	G01 X __ Z __
G02		圆弧插补 CW（顺时针）	$\begin{Bmatrix} G02 \\ G03 \end{Bmatrix} X\_\_ Z\_\_ \begin{Bmatrix} R\_\_ \\ I\_\_ K\_\_ \end{Bmatrix}$
G03		圆弧插补 CCW（逆时针）	
G04	00	暂停	G04 [X│U│P] X,U 单位：s；P 单位：ms（整数）
G20	06	英制输入	
G21		米制输入	
G28	0	回归参考点	G28 X __ Z __
G29		由参考点回归	G29 X __ Z __
G32	01	螺纹切削（由参数指定绝对和增量）	Gxx X│U… Z│W… F│E… F 指定单位为 0.01 mm/r 的螺距。E 指定单位为 0.000 1 mm/r 的螺旋
G40	07	刀具补偿取消	G40
G41		左半径补偿	$\begin{Bmatrix} G41 \\ G42 \end{Bmatrix}$ Dnn
G42		右半径补偿	
G50	00		设定工件坐标系：G50 X __ Z __ 偏移工件坐标系：G50 U __ W __
G53		机械坐标系选择	G53 X __ Z __
G54	12	选择工作坐标系 1	GXX
G55		选择工作坐标系 2	
G56		选择工作坐标系 3	
G57		选择工作坐标系 4	
G58		选择工作坐标系 5	
G59		选择工作坐标系 6	

(续表)

代码	分组	意义	格式
G70	00	精加工循环	G70 P(n_s) Q(n_f)
G71	00	外圆粗车循环	G71 U(Δd) R(e) G71 P(n_s) Q(n_f) U(Δu) WΔ(w) F(f)
G72	00	端面粗切削循环	G72 W(Δd) R(e) G72 P(n_s) Q(n_f) U(Δu) W(Δw) F(f) S(s) T(t) Δd：切深量 e：退刀量 n_s：精加工形状的程序段组的第一个程序段的顺序号 n_f：精加工形状的程序段组的最后程序段的顺序号 Δu：X 轴方向精加工余量的距离及方向 Δw：Z 轴方向精加工余量的距离及方向
G73	00	封闭切削循环	G73 U(i) W(Δk) R(d) G73 P(n_s) Q(n_f) U(Δu) W(Δw) F(f)
G75	00	内径/外径切断循环	G75 R(e) G75 X(U)＿ Z(W)＿ P(Δi) Q(Δk) R(Δd) F(f)
G90	01	直线车削循环加工	G90 X(U)＿ Z(W)＿ F＿ G90 X(U)＿ Z(W)＿ R＿ F＿
G92	01	螺纹车削循环	G92 X(U)＿ Z(W)＿ F＿ G92 X(U)＿ Z(W)＿ R＿ F＿
G94	01	端面车削循环	G94 X(U)＿ Z(W)＿ F＿ G94 X(U)＿ Z(W)＿ R＿ F＿
G98	05	每分钟进给速度	
G99	05	每转进给速度	

附录 B

FANUC 0i 系统辅助功能 M 代码

代码	意义	格式
M00	停止程序运行	—
M01	选择性停止	—
M02	结束程序运行	—
M03	主轴正向转动开始	—
M04	主轴反向转动开始	—
M05	主轴停止转动	—
M06	换刀指令	M06 T--
M08	冷却液开启	—
M09	冷却液关闭	—
M30	结束程序运行且返回程序开头	—
M98	子程序调用	M98 Pxxnnnn 调用程序号为 Onnnn 的程序 xx 次
M99	子程序结束	子程序格式： Onnnn …… M99

参 考 文 献

[1] 陈春鹏. 基于UG的五轴数控机床的后置处理研究[D]. 上海：上海师范大学，2019.
[2] 石林榕，赵武云，杨小平，等. 基于斯沃数控仿真软件的复杂回转体零件加工仿真[J]. 林业机械与木工设备，2021，49(5)：58-65.
[3] 彭广威. UGNX10.0机械三维设计项目编程[M]. 北京：航空工业出版社，2018.
[4] 聂志杏. 基于数控车宏指令椭圆编程的不同编程方法的研究[J]. 现代信息科技，2021，5(2)：118-121.
[5] 朱明松，朱德浩. 数控加工技术[M]. 2版. 北京：机械工业出版社，2022.
[6] 王亮. 数控铣削编程与加工[M]. 北京：机械工业出版社，2022.
[7] 曾霞. 数控编程与加工项目式教程[M]. 北京：机械工业出版社，2022.
[8] 傅飞. 数控多轴加工案例与仿真[M]. 北京：机械工业出版社，2022.
[9] 李河水. 数控加工编程与操作[M]. 北京：机械工业出版社．2018.
[10] 夏雨. UG NX 10.0数控加工编程实例精讲[M]. 北京：机械工业出版社，2022.
[11] 宋宏明. 数控加工工艺[M]. 北京：机械工业出版社，2022.
[12] 李佳. 数控机床及应用[M]. 北京：清华大学出版社，2001.
[13] 陈洪涛. 数控加工工艺与编程[M]. 北京：高等教育出版社，2003.
[14] 吴瑞莉. 数控加工设备[M]. 北京：机械工业出版社，2020.
[15] 汪荣青. 数控加工技能实训[M]. 北京：机械工业出版社，2019.
[16] 何倩鸿. 数控加工工艺设计实验指导书[M]. 北京：科学出版社，2020.